内容简介

本书完整地介绍了素数判定问题的全部历史和理论,阐明了它在纯数学研究和应用数学研究中的地位,及其在当代科学中的实用价值(如在密码学中的作用).全书内容丰富,论述严整.

本书适合大学师生及数学爱好者参考阅读.

图书在版编目(CIP)数据

Thue 定理:素数判定与大数分解/孙琦,旷京华编著. —哈尔滨:哈尔滨工业大学出版社,2018.5
(现代数学中的著名定理纵横谈丛书)
ISBN 978—7—5603—7360—7

Ⅰ.①T… Ⅱ.①孙… ②旷… Ⅲ.①素数—研究 Ⅳ.①O156.2

中国版本图书馆 CIP 数据核字(2018)第 090762 号

策划编辑	刘培杰 张永芹
责任编辑	张永芹 杜莹雪
封面设计	孙茵艾
出版发行	哈尔滨工业大学出版社
社　　址	哈尔滨市南岗区复华四道街 10 号 邮编 150006
传　　真	0451—86414749
网　　址	http://hitpress.hit.edu.cn
印　　刷	黑龙江艺德印刷有限责任公司
开　　本	787mm×960mm 1/16 印张 5.5 字数 62 千字
版　　次	2018 年 5 月第 1 版 2018 年 5 月第 1 次印刷
书　　号	ISBN 978—7—5603—7360—7
定　　价	68.00 元

(如因印装质量问题影响阅读,我社负责调换)

国家出版基金资助项目
现代数学中的著名定理纵横谈丛书
丛书主编　王梓坤

THUE THEOREM—DISCRIMINANT OF PRIME
NATURE AND DECOMPOSITION OF LARGE NUMBERS

孙琦　旷京华　编著

哈尔滨工业大学出版社
HARBIN INSTITUTE OF TECHNOLOGY PRESS

◎ 代 序

读书的乐趣

你最喜爱什么——书籍.

你经常去哪里——书店.

你最大的乐趣是什么——读书.

  这是友人提出的问题和我的回答. 真的,我这一辈子算是和书籍,特别是好书结下了不解之缘. 有人说,读书要费那么大的劲,又发不了财,读它做什么? 我却至今不悔,不仅不悔,反而情趣越来越浓. 想当年,我也曾爱打球,也曾爱下棋,对操琴也有兴趣,还登台伴奏过. 但后来却都一一断交,"终身不复鼓琴". 那原因便是怕花费时间,玩物丧志,误了我的大事——求学. 这当然过激了一些. 剩下来唯有读书一事,自幼至今,无日少废,谓之书痴也可,谓之书橱也可,管它呢,人各有志,不可相强. 我的一生大志,便是教书,而当教师,不多读书是不行的.

  读好书是一种乐趣,一种情操;一种向全世界古往今来的伟人和名人求教的方法,一种和他们展开讨论的方式;一封出席各种活动、体验各种生活、结识各种人物的邀请信;一张迈进科学宫殿和未知世界的入场券;一股改造自己、丰富自己的强大力量.书籍是全人类有史以来共同创造的财富,是永不枯竭的智慧的源泉.失意时读书,可以使人重整旗鼓;得意时读书,可以使人头脑清醒;疑难时读书,可以得到解答或启示;年轻人读书,可明奋进之道;年老人读书,能知健神之理.浩浩乎! 洋洋乎! 如临大海,或波涛汹涌,或清风微拂,取之不尽,用之不竭.吾于读书,无疑义矣,三日不读,则头脑麻木,心摇摇无主.

潜能需要激发

我和书籍结缘,开始于一次非常偶然的机会.大概是八九岁吧,家里穷得揭不开锅,我每天从早到晚都要去田园里帮工.一天,偶然从旧木柜阴湿的角落里,找到一本蜡光纸的小书,自然很破了.屋内光线暗淡,又是黄昏时分,只好拿到大门外去看.封面已经脱落,扉页上写的是《薛仁贵征东》.管它呢,且往下看.第一回的标题已忘记,只是那首开卷诗不知为什么至今仍记忆犹新:

日出遥遥一点红,飘飘四海影无踪.

三岁孩童千两价,保主跨海去征东.

第一句指山东,二、三两句分别点出薛仁贵(雪、人贵).那时识字很少,半看半猜,居然引起了我极大的兴趣,同时也教我认识了许多生字.这是我有生以来独立看的第一本书.尝到甜头以后,我便千方百计去找书,向小朋友借,到亲友家找,居然断断续续看了《薛丁山征西》《彭公案》《二度梅》等,樊梨花便成了我心中的女英雄.我真入迷了.从此,放牛也罢,车水也罢,我总要带一本书,还练出了边走田间小路边读书的本领,读得津津有味,不知人间别有他事.

当我们安静下来回想往事时,往往会发现一些偶然的小事却影响了自己的一生.如果不是找到那本《薛仁贵征东》,我的好学心也许激发不起来.我这一生,也许会走另一条路.人的潜能,好比一座汽油库,星星之火,可以使它雷声隆隆、光照天地;但若少了这粒火星,它便会成为一潭死水,永归沉寂.

抄,总抄得起

好不容易上了中学,做完功课还有点时间,便常光顾图书馆.好书借了实在舍不得还,但买不到也买不起,便下决心动手抄书.抄,总抄得起.我抄过林语堂写的《高级英文法》,抄过英文的《英文典大全》,还抄过《孙子兵法》,这本书实在爱得狠了,竟一口气抄了两份.人们虽知抄书之苦,未知抄书之益,抄完毫末俱见,一览无余,胜读十遍.

始于精于一,返于精于博

关于康有为的教学法,他的弟子梁启超说:"康先生之教,专标专精、涉猎二条,无专精则不能成,无涉猎则不能通也."可见康有为强烈要求学生把专精和广博(即"涉猎")相结合.

在先后次序上,我认为要从精于一开始.首先应集中精力学好专业,并在专业的科研中做出成绩,然后逐步扩大领域,力求多方面的精.年轻时,我曾精读杜布(J. L. Doob)的《随机过程论》,哈尔莫斯(P. R. Halmos)的《测度论》等世界数学名著,使我终身受益.简言之,即"始于精于一,返于精于博".正如中国革命一样,必须先有一块根据地,站稳后再开创几块,最后连成一片.

丰富我文采,澡雪我精神

辛苦了一周,人相当疲劳了,每到星期六,我便到旧书店走走,这已成为生活中的一部分,多年如此.一次,偶然看到一套《纲鉴易知录》,编者之一便是选编《古文观止》的吴楚材.这部书提纲挈领地讲中国历史,上自盘古氏,直到明末,记事简明,文字古雅,又富于故事性,便把这部书从头到尾读了一遍.从此启发了我读史书的兴趣.

我爱读中国的古典小说,例如《三国演义》和《东周列国志》.我常对人说,这两部书简直是世界上政治阴谋诡计大全.即以近年来极时髦的人质问题(伊朗人质、劫机人质等),这些书中早就有了,秦始皇的父亲便是受害者,堪称"人质之父".

《庄子》超尘绝俗,不屑于名利.其中"秋水""解牛"诸篇,诚绝唱也.《论语》束身严谨,勇于面世,"己所不欲,勿施于人",有长者之风.司马迁的《报任少卿书》,读之我心两伤,既伤少卿,又伤司马;我不知道少卿是否收到这封信,希望有人做点研究.我也爱读鲁迅的杂文,果戈理、梅里美的小说.我非常敬重文天祥、秋瑾的人品,常记他们的诗句:"人生自古谁无死,留取丹心照汗青""休言女子非英物,夜夜龙泉壁上鸣".唐诗、宋词,《西厢记》《牡丹亭》,丰富我文采,澡雪我精神,其中精粹,实是人间神品.

读了邓拓的《燕山夜话》,既叹服其广博,也使我动了写《科学发现纵横谈》的心.不料这本小册子竟给我招来了上千封鼓励信.以后人们便写出了许许多多的"纵横谈".

从学生时代起,我就喜读方法论方面的论著.我想,做什么事情都要讲究方法,追求效率、效果和效益,方法好能事半而功倍.我很留心一些著名科学家、文学家写的心得体会和经验.我曾惊讶为什么巴尔扎克在51年短短的一生中能写出上百本书,并从他的传记中去寻找答案.文史哲和科学的海洋无边无际,先哲们的明智之光沐浴着人们的心灵,我衷心感谢他们的恩惠.

读书的另一面

以上我谈了读书的好处,现在要回过头来说说事情的另一面.

读书要选择.世上有各种各样的书:有的不值一看,有的只值看20分钟,有的可看5年,有的可保存一辈子,有的将永远不朽.即使是不朽的超级名著,由于我们的精力与时间有限,也必须加以选择.决不要看坏书,对一般书,要学会速读.

读书要多思考.应该想想,作者说得对吗?完全吗?适合今天的情况吗?从书本中迅速获得效果的好办法是有的放矢地读书,带着问题去读,或偏重某一方面去读.这时我们的思维处于主动寻找的地位,就像猎人追找猎物一样主动,很快就能找到答案,或者发现书中的问题.

有的书浏览即止,有的要读出声来,有的要心头记住,有的要笔头记录.对重要的专业书或名著,要勤做笔记,"不动笔墨不读书".动脑加动手,手脑并用,既可加深理解,又可避忘备查,特别是自己的灵感,更要及时抓住.清代章学诚在《文史通义》中说:"札记之功必不可少,如不札记,则无穷妙绪如雨珠落大海矣."

许多大事业、大作品,都是长期积累和短期突击相结合的产物.涓涓不息,将成江河;无此涓涓,何来江河?

爱好读书是许多伟人的共同特性,不仅学者专家如此,一些大政治家、大军事家也如此.曹操、康熙、拿破仑、毛泽东都是手不释卷,嗜书如命的人.他们的巨大成就与毕生刻苦自学密切相关.

王梓坤

Summary

　　Decidability of prime number and the problem of decomposition of large numbers hold an important place in number theory. From ancient times people paid great attention to its research. Because of the development of computer science recently the old problem forms a new branch of number theory—computation of number theory. The book completely introduces the whole history and theories of the problem of decidability of prime number, and expounds its position in the research of pure mathematics, applied mathematics, and practical value in modern science(e. g. the use in Cryptography). The book has substantial content and the exposition is in neat formation.

序　言

　　数论中一个最基本、最古老而当前仍然受到人们重视的问题就是判别给定的整数是否为素数（简称为素数判别或素性判别）和将大合数分解成素因子乘积（简称为大数分解）．在历史上，这个问题曾经吸引了包括费马（Fermat）、欧拉（Euler）、勒让德（Legendre）和高斯（Gauss）在内的大批数学家，他们花费了大量的时间和精力去研究这个问题．高斯在其著名的《算术探索》(《Disquisitiones Arithmeticae》) 中称道："把素数同合数鉴别开来及将合数分解成素因子乘积被认为是算术中最重要和最有用的问题之一."我国的《易经》中也对这个问题做了研究．

　　素数判别和大数分解这个问题具有很大的理论价值．因为素数在数论中占有特殊的地位，所以鉴别它们则成为最基本的问题，而把合数分解成素因子的乘积是算术基本定理的构造性方面的需要．人类总是有兴趣问如下的问题：$2^{131}-1$ 是否为素数？由 23 个 1 组成的数是否为素数？怎么分解 31 487 694 841 572 361？对素数判别和大数分解的研究必然会丰富人类的精神财富．更重要的是，素数判别和大数分解具有很大的应用价值．在编码中，需要讨论某类有限域及其上的多项式，这类有限域就是由素数 p 所作成的 $Z/pZ=\{\bar{0},\bar{1},\cdots,\overline{p-1}\}$，这就要求我们去寻找素数、判别素数．在快速数论变换中，要讨论 Z/nZ 上的卷积运算，就要知道 Z/nZ 的乘法群的构造，而这就依赖于将 n 分

1

Thue 定理——素数判定与大数分解

解成素因子的乘积.下面介绍的 RSA 公开密钥码体制更加说明了这个问题的两个方面在实际应用中的作用.1977 年,艾德利曼(Adleman)、希爱默(Shamir)和李维斯特(Rivest)发明了一个公开密钥码体制.在这个密码体制中,对电文的加密过程是公开的,但是你仅知道加密过程而未被告知解密过程,则不可能对电文进行解密.他们的体制就是依靠这样一个事实:我们能够很容易地将两个大素数(譬如两个百位素数)乘起来;反过来,要分解一不大整数(譬如 200 位)则几乎不可能.(关于 RSA 体制的详细介绍,请参阅文献[1]).因此 RSA 体制就与素数判别和大数分解有密切联系.要具体建立一个 RSA 体制就需要两个大素数,因而就涉及寻找大素数的问题;而 RSA 体制的破译的可能性就依赖于分解一个大数的可能性.于是,RSA 体制的建立与破译就等价于素数判别与大数分解问题.近年来,由于计算机科学的发展,人们对许多数学分支的理论体系重新用计算的观点来讨论.从计算的观点来讨论数论问题形成了当前很活跃的分支——计算数论,而素数判别和大数分解成为这一分支的重要组成部分.在这一部分里提出了两个重要的、悬而未决的问题:是否存在判别素数的多项式算法?是否存在分解大整数的多项式算法?现已知道"分解整数"这个问题是一个 NP 完全问题,因此对上面第二个问题的讨论是解决计算机科学中的难题[1]:"NP 完全问题是否一定是多项式算法可解的?"的一个突破口.因此,素数判别和大数分解对计算机科学来说也是很有价值

---

① 可参看:管梅谷,组合最优化介绍,数理化信息,1,73-80.

序 言

的.

最直接的素数判别和大数分解方法就是试除法,即对整数 n,用 $2,\cdots,n-1$ 去试除,来判定 n 是否为素数,分解式如何. 这个方法是最简单的一个方法,古希腊时就被人们所知,但这个方法对较大的数(20 位左右)就要耗费很多时间. 在 20 世纪 40 年代电子计算机出现之前,尽管产生了许多素数判别和大数分解方法,但因为用手算,速度太慢,很多方法在实用中即使对十几位的数也需要好几天,而对更大的数就无能为力了. 随着计算机的出现及发展,人们开始用这个有力的工具来研究素数判别和大数分解. 到 20 世纪 60 年代末期,已产生了许多新方法,历史上的许多方法也得到了应用,使得对四十几位数的素数判别可以很快得到结果. 而到 20 世纪 70 年代末,数论学家和计算机专家们已深入地研究了这个问题,并得到许多实际而有效的方法. 用这些方法在较好的计算机上判别一个 100 位数是否为素数只需不到一分钟;分解 70 位左右的整数也是日常工作了. 这些成果已引起人们的普遍关注,在这个领域中的研究空前活跃. 虽然离问题的彻底解决还很远,但在本领域中已取得了一个又一个的突破,在这方面的研究必有光辉的前景.

我们写这本书的目的是要介绍素数判别和大数分解的发展历史、一般理论、各种方法及最新成果,是想让许多非专业的读者了解这个方向的内容和进展情况. 当然,只有在这些定理的证明较为初等而又不太长时,我们才给出其证明. 因为这个方向与计算机科学的密切关系,我们还要结合计算量来介绍一些数论中常用的基本算法.

除了极个别内容,如 2.7 节,本书的绝大部分内容只需要某些初等数论的知识,它们可以在任何一本介绍初等数论的书中都能找到,如文献[1].对于广义黎曼猜想,我们写了一则简短的附录.如果读者在欣赏之余,还打算进一步学习和探讨的话,那么,后面所列的文章和书目可供参考.

限于水平,本书的缺点和疏漏一定不少,我们期待着读者的批评与指正.

作　者

Catalogue

Chapter 1 Basic Algorithm in Number Theory ……(1)
- 1.1 Algorithm and Conception of Calculation ……(1)
- 1.2 Basic Algorithm in Number Theory ……(3)

Chapter 2 Discriminant of Prime Nature ……(15)
- 2.1 General Theory of Discriminant of Prime Nature ……(16)
- 2.2 A Classical Result ……(17)
- 2.3 Fermat Small Theorem and Carmichael Number ……(21)
- 2.4 From Lucas to Williams ……(25)
- 2.5 Discriminant of Prime Nature and Generalized Riemann Hypothesis ……(33)
- 2.6 A Kind of Probability Algorithm ……(37)
- 2.7 The Most Effective Adleman-Rumely Algorithm at Present ……(40)
- 2.8 Some Special Prime Numbers and Discriminant ……(43)
- 2.9 Strategy of Discriminant of Prime Nature in Computers ……(48)

Chapter 3 Decomposition of Large Numbers ……(51)
- 3.1 Classical Method ……(52)
- 3.2 Monte Carlo Method ……(54)
- 3.3 Continued Fraction Method ……(57)

3.4　Quadratic siere Method ……………(61)
3.5　$p-1$ Method and $p+1$ Method ……(63)

Appendix　Generalized Riemann Hypothesis …(65)

References ……………………………………(66)

A List of Chinese English Names ………………(67)

目 录

目 录

第 1 章　数论中的基本算法 ………… （1）
　1.1　算法及其计算量的概念 …… （1）
　1.2　数论中的基本算法 ………… （3）
第 2 章　素性判别 ……………………（15）
　2.1　素性判别的一般理论 ……（16）
　2.2　一个经典的结果 …………（17）
　2.3　费马小定理和卡迈查
　　　 尔数 …………………………（21）
　2.4　从卢卡斯到威廉斯 ………（25）
　2.5　素性判别与广义黎曼
　　　 猜想 …………………………（33）
　2.6　一种概率算法 ……………（37）
　2.7　目前最有效的艾德利曼——鲁梅
　　　 利算法 ………………………（40）
　2.8　一些特殊的素数及其
　　　 判别 …………………………（43）
　2.9　在计算机上实施素数判别的
　　　 战略 …………………………（48）

第 3 章 大数分解 ……………………………（51）
3.1 经典的方法 ……………………………（52）
3.2 蒙特卡罗方法 …………………………（54）
3.3 连分数法 ……………………………（57）
3.4 二次筛法 ……………………………（61）
3.5 $p-1$ 法和 $p+1$ 法 ………………（63）
附录 广义黎曼猜想 ………………………（65）
参考文献 ……………………………………（66）
中英文人名表 ………………………………（67）

数论中的基本算法

第 1 章

1.1 算法及其计算量的概念

通常,解决问题的方式有两种.其一是对问题的每个对象(也称作输入),直接给出答案;其二是给出一套规则,使得对问题的任何一个对象(输入),解答者可依照这些规则,机械地执行运算,能在有限步内得到答案.这里的第二种方式就是问题的算法解答,这时也称问题是算法可解的,而所给出的规则就称为算法.

例 1 在复数范围内解一元二次方程.

这个问题的输入即是具体给出的一元二次方程.任给一个方程 $ax^2 + bx + c = 0$ $(a \neq 0)$,则方程的两个解是

$$\frac{-b \pm \sqrt{b^2 - 4ac}}{2a}$$

这就是第一种解答方式.

例 2　判别任意给出的自然数是否为素数.

熟知,我们没有像例 1 那样的公式来表明哪个数是素数,哪个数不是素数.但是,我们可以以如下方式解答此问题:对任意给定的数 n,用 $2,3,\cdots,n-1$ 去试除 n,若其中有一个除尽 n,则 n 不是素数;否则,n 是素数.这就是问题的算法解答.

注意,算法不可解的问题是存在的.希尔伯特的第十问题[①]就是一个算法不可解的问题.这一点是马递佳塞维奇于 1970 年证明的.

对算法可解的问题而言,解答的算法可能很多,我们在实际解决问题时究竟采取哪一种算法呢？这就要求对算法的好坏进行评判.算法的好坏与所谓的计算量有密切关系.人们注意到,对某类问题的解答依赖于一些基本运算.譬如,在排序问题中,比较运算 —— 比较两个元的先后 —— 是一种基本运算.当然,"互换位置"也可以当作是一种基本运算.一个算法在对问题的某个输入解答所执行的基本运算次数,称为算法对此输入执行的计算量.算法对不同的输入执行的计算量一般不同.在把计算量描述为输入的函数之前,需要对输入给个度量,这就是所谓的输入尺寸.例如,在排序问题中,输入尺寸可定义为待排序的贯的长度.这样一来,计算量可以描述为输入尺寸的函数.算法对问题的所有输入执行的计算量的最大值称为算法在最坏性

---

① 希尔伯特第十问题:"判定任何一个不定方程 $f(x_1,\cdots,x_n)=0$(其中 $f(x_1,\cdots,x_n)$ 是多元整系数多项式)是否有解？"这是 1900 年,希尔伯特在国际数学家大会上提出来的.

第 1 章 数论中的基本算法

态下的计算量. 如果解决一个问题有两种算法,其中一个算法在最坏性态下的计算量比另一个在最坏性态下的计算量少,则称前者在最坏性态下比后者好. 若一个问题存在一个算法解,其算法在最坏性态下的计算量是输入尺寸的多项式函数,则称此问题存在多项式算法,也说问题是 P 问题,否则称它不存在多项式算法.

最后,我们谈谈概率算法和确定算法. 所谓概率算法就是它的某些步骤是要依靠服从某种分布的随机抽样来完成的,这种随机过程应是有限步内可完成的,而且算法得出的结论应与所作的随机抽样无关,利用随机手段仅仅是为了加快算法的进程或为了方便. 确定算法是相对于概率算法而言的,即它的每一步骤都是确定的,不需用随机手段就可完成的. 以后,这两种算法都会遇上,凡没有用随机手段的都是确定算法,我们将不作特别说明了.

1.2 数论中的基本算法

在数论问题中,输入一般是一个或几个自然数. 如果输入是一个自然数 n,则定义其输入尺寸为它的二进位表示的位数,即 $[\log_2 n] + 1$,有时也将 $\log_2 n$ 作为输入尺寸. 熟知,数论问题的解答中,自然数的加、减、乘、除这四则运算是基本的运算,而两个个位数的加法、减法和乘法及两位数除以个位数的除法又最基本. 因此,我们如下定义数论问题的基本运算:假如我们是在 r 进位制中讨论自然数的运算(通常在十进位下讨论,即 $r=10$;而在计算机上,一般在二进位下讨论,即

$r=2$),则基本运算就是个位数的相加、相减、相乘,两位数除以个位数的除法及向左移位运算(即乘上 r).有了基本运算,就可以来讨论数论中的基本算法了.

(1) 四则运算

加法:回忆一下小学里学多位数相加的情景,当时是列竖式再按老师教的规则去演算.这些竖式规则就是算法.我们依照用竖式演算的步骤将其用文字写出来即是:任意给定两个 n 位的 r 进位数(如有一个没够 n 位,可添一些零而达到 n 位). $a=(a_{n-1}\cdots a_1 a_0)_r = a_{n-1}r^{n-1}+a_{n-2}r^{n-2}+\cdots+a_1 r+a_0$, $b=(b_{n-1}\cdots b_1 b_0)_r = b_{n-1}r^{n-1}+b_{n-2}r^{n-2}+\cdots+b_1 r+b_0$,则 $a+b=\sum_{i=0}^{n-1}(a_i+b_i)r^i$. 现在要求 $a+b$ 的 r 进位表示. 首先,$a_0+b_0=c_0 r+s_0$,其中 $0\leqslant s_0<r$,$c_0=0$ 或 1 视 $a_0+b_0<r$ 或 $a_0+b_0\geqslant r$ 而定. 接着有 $a_1+b_1+c_0=c_1 r+s_1$,$0\leqslant s_1<r$,因为 $0\leqslant c_0\leqslant 1$,$0\leqslant a_1,b_1\leqslant r-1$,所以 $c_1=0$ 或 1 视 $a_1+b_1+c_0<r$ 或 $a_1+b_1+c_0\geqslant r$ 而定,继续对 $2,3,\cdots,n-1$ 讨论得,存在 c_i,s_i 使 $a_i+b_i+c_{i-1}=c_i r+s_i$,其中 $0\leqslant s_i<r$,$c_i=0$ 或 1($i=1,2,\cdots,n-1$),最后令 $c_{n-1}=s_n$,则

$$a+b=\sum_{i=0}^{n-1}(a_i+b_i)r^i=$$
$$\sum_{i=1}^{n-1}(c_i r+s_i-c_{i-1})r^i+c_0 r+s_0=$$
$$\sum_{i=0}^{n-1}s_i r^i+\sum_{i=1}^{n-1}c_i r^{i+1}-\sum_{i=1}^{n-1}c_{i-1}r^i+c_0 r=$$
$$\sum_{i=0}^{n-1}s_i r^i+c_{n-1}r^n=\sum_{i=1}^{n}s_i r^i=(s_n s_{n-1}\cdots s_1 s_0)_r$$

第1章 数论中的基本算法

因为由 a_i, b_i, c_{i-1} 经带余除法 $a_i + b_i + c_{i-1} = c_i r + s_i (0 \leqslant s_i < r, c_i = 0$ 或 1) 确定 c_i, s_i 至多需要 5 次基本运算,故用竖式算法计算两个 n 位数的计算量至多是 $5n$,用记号 O 表示即是 $O(n)$. 在二进位制中, $r = 2$, 输入 n 的位数是 $[\log_2 n] + 1$, 另外, 对任意的 $r > 1$ 有 $[\log_r n] + 1 = O[\log_2 n]$, 故得到下面的定理.

定理 1.1 用竖式算法计算两个不大于 n 的数相加时,其计算量是 $O[\log_2 n]$.

减法:同加法一样地讨论,只是将 $a + b, a_i + b_i$ 等改成 $a - b, a_i - b_i$,相应地,$c_i = 0$ 或 -1 视 $a_i - b_i + c_{i-1} \geqslant 0$ 或 $a_i - b_i + c_{i-1} \leqslant 0$ 而定. 我们也可以得到下面的定理.

定理 1.2 用竖式算法计算两个不大于 n 的数相减时,其计算量是 $O(\log_2 n)$.

乘法:在用竖式算法做多位数的乘法时,先是做个位数与多位数相乘,然后再移位相加. 于是,我们先来讨论个位数与多位数相乘. 设 $a = (a_{n-1} \cdots a_1 a_0)_r = \sum_{i=0}^{n-1} a_i r^i, b = (b_0)_r = b_0$,这时,$ab = \sum_{i=0}^{n-1} a_i b_0 r^i$,设 $a_0 b_0 = c_0 r + s_0, 0 \leqslant s_0 < r$. 因为 $0 \leqslant a_0 < r-1, 0 \leqslant b_0 \leqslant r-1$,所以 $0 \leqslant c_0 \leqslant r-2$. 依次有 $a_i b_0 + c_{i-1} = c_i r + s_i$,其中 $0 \leqslant s_i < r$. 因为 $0 \leqslant a_i, b_0 \leqslant r-1, 0 \leqslant c_{i-1} \leqslant r-2$,所以 $0 \leqslant a_i b_0 + c_{i-1} \leqslant r(r-2) + (r-1)$,因而 $0 \leqslant c_i \leqslant r-2$,以上 $i = 1, \cdots, n-1$. 再令 $s_n = c_{n-1}$,则得 $ab = \sum_{i=0}^{n} s_i r^i = (s_n s_{n-1} \cdots s_1 s_0)$.

一般地,对两个多位数相乘,设 $a = (a_{n-1} \cdots a_1 a_0)_r = \sum_{i=0}^{n-1} a_i r^i, b = (b_{m-1} \cdots b_1 b_0)_r = \sum_{i=0}^{m-1} b_i r^i$,则有

$$a \cdot b = \sum_{i=0}^{m-1}(a \cdot b_i)r^i \qquad (1)$$

因为$(a \cdot b_i)r^i$是$a \cdot b_i$的r进位表示式向左移i位,即在$a \cdot b_i$的r进位表示式之后添i个零.因此表达式(1)表示m个数移位相加,这就将多位数乘法归结为多位数与个位数相乘,然后再移位相加.

注意到,在个位数与多位数相乘时,由a_i, b_i, c_{i-1}经$a_i b_i + c_{i-1} = c_i r + s_i (0 \leqslant s_i < r)$确定$c_i, s_i$至多需要5次基本运算,故个位数与$n$位数相乘的计算量至多是$5n$,而式(1)表明,$n$位数与$m$位数相乘,需要做$m$次个位数与$n$位数相乘,做$\dfrac{m(m-1)}{2}$次左移运算及$n+1$位数与$n+2$位数、$n+2$位数与$n+3$位数……$n+m-1$位数与$n+m$位数相加各一次,故总的计算量不超过$5mn + \dfrac{m(m-1)}{2} + 5n(m-1) + 5 \cdot \dfrac{m(m-1)}{2} \leqslant 13mn$(这里不妨设$m \leqslant n$).因此,竖式算法做$n$位数与$m$位数($m \leqslant n$)相乘的计算量不多于$13mn$.设$M(n)$表示两个$n$位数相乘的计算量,则$M(n) = O(n^2)$.故可得下面的定理.

定理 1.3 竖式算法做两个不超过n的数的相乘时,其计算量是$O(\log_2^2 n)$.

带余除法:带余除法的竖式算法要用文字表述出来比先前的加法和乘法都要麻烦,但它只不过是将小学里做带余除法的过程详细地写出来而已,这里不准备重复这些枯燥的叙述,而只将带余除法的竖式算法的计算量写出来.

定理 1.4 用竖式算法做两个不超过n的数的带余除法时,其计算量为$O(\log_2^2 n)$.

第1章 数论中的基本算法

实际上,我们得到这样的结论:一个 $2n$ 位数除以一个 n 位数所得的商和余数的计算需要计算量 $O(n^2)$,之后,才有定理 1.4. 而且由此可得,对一个不超过 m^2 的数 a 取模 m 得最小非剩余的计算量是 $O(\log_2^2 m)$.

关于自然数的乘法,我们还想介绍两个优美的结果,其证明已超出本书的范围.

定理 1.5 任给一个正数 ε,无论如何小,都存在一个乘法算法,它做两个 n 位数相乘的计算量是 $O(n^{1+\varepsilon})$,或者说,它做两个不大于 n 的数相乘的计算量是 $O(\log_2^{1+\varepsilon} n)$.

定理 1.6 存在乘法算法,使其做两个 n 位数相乘的计算量是 $O(n \cdot \log_2 n \cdot \log_2 \log_2 n)$,或者说,它做两个不大于 n 的数相乘的计算量是
$$O(\log_2 n \cdot \log_2 \log_2 n \cdot \log_2 \log_2 \log_2 n)$$

定理 1.6 中的乘法所需的计算量被认为是做乘法运算的最优计算量,即不存在有更少计算量的乘法算法.[2]

下面的定理表明,除法所需的计算量与乘法所需的计算量相当,它的证明也不在本书范围内,读者可参见[2].

定理 1.7 存在除法算法,它求一个 $2n$ 位数除以一个 n 位数得的商和余数所需的计算量是 $O[M(n)]$,其中 $M(n)$ 是做两个 n 位数乘法所需的计算量.

尽管定理 1.5 和定理 1.6 说明了有比竖式算法快得多的乘法算法,但为方便起见,我们以后还是使用竖式算法的计算量来代表两个数相乘的计算量.

7

(2) 幂运算

给定一个整数 a,由 $a^k = a \cdot a^{k-1}, a^1 = a$,归纳地定义了 a 的任意次幂. 在素数判别和大数分解的讨论中,我们常常遇到要计算 $a^n (\bmod m)$. 如果根据定义,先计算 $a (\bmod m)$,再依次计算 $a^k (\bmod m) = (a (\bmod m)) \cdot (a^{k-1} (\bmod m)) (\bmod m)$,则至少需要 n 次乘法才能得到 $a^n (\bmod m)$,而 n 经常是很大很大的数,这时计算量也就很大,于是需要有更好的计算 $a^n (\bmod m)$ 的方法. 我们确实有更好的方法,先来看一个例子.

例 计算 $3^{107} (\bmod 134)$.

将 107 写成二进位数,即 $107 = (1101011)_2$. 我们有 $3^1 \equiv 3 (\bmod 134), 3^2 \equiv 9 (\bmod 134), 3^{2^2} \equiv 81 (\bmod 134), 3^{2^3} \equiv -5 (\bmod 134), 3^{2^4} \equiv 25 (\bmod 134), 3^{2^5} \equiv -45 (\bmod 134), 3^{2^6} \equiv 15 (\bmod 134)$. (以上的一串同余式中,每一个都是前一个的平方而得). 故 $3^{107} = 3^{2^6 + 2^5 + 2^3 + 2^1 + 1} = 3^{2^6} \cdot 3^{2^5} \cdot 3^{2^3} \cdot 3^2 \cdot 3^1 \equiv 15 \cdot (-45) \cdot (-5) \cdot 9 \cdot 3 \equiv 135 \cdot 135 \cdot 5 \equiv 5 (\bmod 134)$.

上例中的方法可以推广到一般情况. 当要计算 $a^n (\bmod m)$ 时,先将 n 用二进位制表示,设 $n = (a_{k-1} \cdots a_1 a_0), a_i = 0$ 或 $1, i = 0, 1, \cdots, k-1$. 再计算 $r_0 \equiv a (\bmod m), r_1 \equiv a^2 (\bmod m), \cdots, r_{k-2} \equiv a^{2^{k-2}} (\bmod m), r_{k-1} \equiv a^{2^{k-1}} (\bmod m)$. 再将使 $a_i = 1$ 对应的 r_i 连乘起来,取模 m,则得 $a^k (\bmod m)$(这里连乘是指每乘一个数取一次模 m,然后用所得的结果再与另一乘数相乘). 我们有下面的定理.

定理 1.8 给定 a,存在求幂取模的算法,使得其计算量为 $O(\log_2 n \cdot \log_2^2 m)$.

证明 在上面所描述的算法中,$r_0 = a (\bmod m)$.

因为 a 是一个事先给定的常数,所以 r_0 的计算量可以忽略. 而 $r_i = r_{i-1}^2 (\mod m), i = 1, \cdots, n-1$,因而计算每个 r_i 的计算量是 $O(\log_2^2 m)$(其中,r_{i-1} 乘 r_{i-1} 的计算量为 $O(\log_2^2 m r_{i-1}) \leqslant O(\log_2^2 m)$,取模 m 的计算量为 $O(\log_2^2 m)$),而这里 $k = [\log_2 n] + 1 = O(\log_2 n)$,故计算 $r_0, r_1, \cdots, r_{k-1}$ 的总共计算量为 $O(\log_2 n \cdot \log_2^2 m)$. 在把对应于 $a_i = 1$ 的 r_i 连乘起来时,每做一次乘法取一次模 m,在这串连乘积中,乘法次数至多 $[\log_2 n] + 1$ 次,取模 m 的次数也至多 $[\log_2 n + 1]$ 次,而且每次乘法的两个乘数都不超过 m,故做连乘积的计算量是 $O(\log_2 n \log_2^2 m)$. 因此,计算 $a^n (\mod m)$ 总共需要计算量 $O(\log_2 n \log_2^2 m)$.

(3)卢卡斯序列的项的计算.

所谓卢卡斯序列是指
$$U_n = \frac{\alpha^n - \beta^n}{\alpha - \beta}, V_n = \alpha^n + \beta^n, n = 0, 1, \cdots$$
其中 α 和 β 是以下整系数二次方程的根
$$x^2 - Px + Q = 0, (P, Q) = 1$$

在以后讨论素数判别时,我们需要计算卢卡斯序列的第 n 项取模 m:$U_n (\mod m)$ 和 $V_n (\mod m)$. 它们的计算可利用卢卡斯序列的性质,像讨论 $a^n (\mod m)$ 的计算量一样,得到比较好的算法,因为讨论它的基本思路与上一段一样,且要用到卢卡斯序列的一些较繁杂的性质. 这里,我们只叙述一个结果,读者有兴趣可自己证明这个结果.

定理 1.9 给定 $P, Q, (P, Q) = 1$,存在算法使其计算 $U_n (\mod m)$ 和 $V_n (\mod m)$ 的计算量是 $O(\log_2 n \log_2^2 m)$.

(4)进位制表示的互化

我们常常需要将一个自然数的一种进位制表示化

为另一种进位制表示.譬如,日常给出的自然数是十进位数,要将它输入到计算机中就必须将它化成二进位数,反过来,从计算机输出的结果又要从二进位数化为十进位数,才能使常人看懂结果.

设自然数 n 由 r_1 进位制给出,要将它化为 r_2 进位制,我们可以如下完成:在 r_1 进位制体系中进行四则运算,特别是带余除法运算,有

$$\begin{cases} n = n_0 = n_1 r_2 + q_0, & 0 \leqslant q_0 < r_2 \\ n_1 = n_2 r_2 + q_1, & 0 \leqslant q_1 < r_2 \\ \quad \vdots & \quad \vdots \\ n_{k-2} = n_{k-1} r_2 + q_{k-2}, & 0 \leqslant q_{k-2} < r_2 \\ n_{k-1} = q_{k-1}, & 0 \leqslant q_{k-1} < r_2 \end{cases} \quad (2)$$

则 $(q_{k-1} q_{k-2} \cdots q_1 q_0)_{r_2}$ 便是 n 在 r_2 进位制中的表达式. 由带余除法的计算量(见定理1.4)知,完成(2)的计算量是 $O(\log_2^3 n)$.

(5)最大公因数的算法

求最大公因数的最普遍的算法是欧几里得算法,它最初是公元前由欧几里得提出来的,有时也称它为辗转相除法.表述如下:

设给定 $m, n (m > n)$,令 $r_0 = m, r_1 = n$,有

$$\begin{cases} r_0 = r_1 q_1 + r_2, & 0 \leqslant r_2 < r_1 \\ r_1 = r_2 q_2 + r_3, & 0 \leqslant r_3 < r_2 \\ \quad \vdots & \quad \vdots \\ r_{k-2} = q_{k-1} r_{k-1} + r_k, & 0 \leqslant r_k < r_{k-1} \\ r_{k-1} = q_k r_k \end{cases} \quad (3)$$

则得 $r_k = \gcd(r_{k-1}, r_k) = \gcd(r_{k-2}, r_{k-1}) = \cdots = \gcd(r_2, r_3) = \gcd(r_1, r_2) = \gcd(r_0, r_1) = \gcd(m, n)$.

欧几里得算法(3)中做带余除法的次数 k 可由 m

和 n 确定出来. 我们介绍下面的定理.

定理 1.10 式(3)中的 $k < 5\log_2 n + 1$,即得辗转相除的次数不大于 n 的十进位表示的位数的 5 倍.

证明 引入斐波那契序列
$$F_0 = 0, F_1 = 1, F_n = F_{n-1} + F_{n-2}, n = 2, 3, 4, \cdots$$
易知有
$$F_n = \frac{1}{\sqrt{5}} \cdot \left[\left(\frac{1+\sqrt{5}}{2}\right)^n - \left(\frac{1-\sqrt{5}}{2}\right)^n\right]$$

由式(3)得,$r_k \geqslant 1 = F_2, r_{k-1} > r_k$,故 $r_{k-1} \geqslant r_{k+1} \geqslant 2 = F_3, r_{k-2} \geqslant r_{k-1} + r_k \geqslant F_2 + F_3 = F_4, \cdots, r_1 \geqslant r_2 + r_3 \geqslant F_k + F_{k-1} = F_{k+1}$. 而 $F_{k+1} > \left(\frac{1+\sqrt{5}}{2}\right)^{k-1}$ 当 $k \geqslant 2$ 时成立,故
$$n = r_1 \geqslant F_{k+1} > \left(\frac{1+\sqrt{5}}{2}\right)^{k-1}$$

即 $\lg n > (k-1)\lg\left(\frac{1+\sqrt{5}}{2}\right)$,而 $\lg\frac{1+\sqrt{5}}{2} > \frac{1}{5}$,故 $\lg n > \frac{1}{5}(k-1)$,因而 $k < 5\lg n + 1$. 设 n 的十进位数表示的位数是 l,则有 $n < 10^l$,故 $k < 5l + 1$,而 k 和 $5l+1$ 都是整数,故 $k \leqslant 5l$.

推论 用欧几里得算法求 $m, n (m \geqslant n)$ 的最大公因数的计算量是 $O(\log_2^3 m)$.

证明 因为式(3)中的 $k < 5\log_2 n + 1$,而且,其中每次带余除法的被除数和除数都不大于 m,故由定理 1.4 知,每次带余除法的计算量是 $O(\log_2^2 m)$,再由定理 1.10,$n \leqslant m$,以及(3)得到 $\gcd(m,n)$ 的计算量是 $O(\log_2^3 m)$.

熟知,由式(3)的最后一个等式往回推演,可以得到 u

和 v 使 $\gcd(m,n) = um + vn$,而且计算出 u,v 的计算量也可以证明是 $O(\log_2^3 m)$,故对一次不定方程 $ax + by = c$(其中 $\gcd(a,b) \mid c$) 和一次同余式 $ax \equiv c \pmod{b}$($\gcd(a,b) \mid c$) 求解的计算量是 $O(\log_2^3 m)$,这里 $m = \max(a,b,c)$.

另外,为了以后的需要及其本身的重要性,我们要讨论雅可比符号 $\left(\dfrac{n}{m}\right)$ 的计算. 由定义知 $\left(\dfrac{n}{m}\right) = \pm 1$,但要确定它是 $+1$ 还是 -1,不是可以显然地得出的,故仍需要一个算法. 我们可以利用雅可比符号的两点性质:

(i) 若 $1 \equiv n \pmod{m}$,则 $\left(\dfrac{1}{m}\right) = \left(\dfrac{n}{m}\right)$.

(ii) 互反律:$\left(\dfrac{-1}{m}\right) = (-1)^{\frac{m-1}{4}}$,$\left(\dfrac{2}{m}\right) = (-1)^{\frac{m^2-1}{8}}$

及 $\left(\dfrac{n}{m}\right) = (-1)^{\frac{(m-1)(n-1)}{4}} \cdot \left(\dfrac{m}{n}\right)$. 写出一个类似于欧几里得算法的算法如下.

以下用 $e(x)$ 表示自然数 x 的最高 2 因子的幂次,即 $2^{e(x)} \mid x$,$2^{e(x)+1} \nmid x$,用 x' 表示 x 的最大奇因子,显然有 $x = 2^{e(x)} \cdot x'$. 现在,给定两个数 m,n,这里 m 为奇数且设 $m > n$. 令 $r_0 = m, r_1 = n$,则有

$$\left(\dfrac{r_1}{r_0}\right) = (-1)^{\frac{T_0^2-1}{8} \cdot e(T_1)} \cdot \left(\dfrac{r_1'}{r_0}\right) =$$

$$(-1)^{\frac{T_0^2-1}{8} \cdot e(T_1)} \cdot (-1)^{\frac{(T_0-1)(T_1-1)}{4}} \cdot \left(\dfrac{r_0}{r_1'}\right) =$$

$$(-1)^{\frac{T_0^2-1}{8} \cdot e(T_1)} \cdot (-1)^{\frac{(T_0-1)(T_1'-1)}{4}} \cdot \left(\dfrac{r_2}{r_1'}\right) \quad (4)$$

其中 $r_2 \equiv r_0 \pmod{r_1'}$,即 r_0 除 r_1' 得的余数. 再将 r_2 代换 r_1,r_1' 代换 r_0,不断地重复(4)的演算,最后得到

$r_2 = 1$ 或 2 为止. 这时可用互反律的前两式得出 $\left(\dfrac{n}{m}\right)$.

不难看出,计算 $\left(\dfrac{n}{m}\right)(m > n)$ 的计算量是 $O(\log_2^3 m)$.

(6) 中国剩余定理

定理 1.11 设 $m_1, \cdots, m_r (m_i > 1)$ 是两两互素的自然数,$a_1, \cdots, a_r$ 是 r 个整数,$M = m_1 \cdots m_r$,则存在唯一的 $0 \leqslant a < M$ 使得 $a \equiv a_i (\bmod m_i), i = 1, \cdots, r$. 且有算法使得其计算 a 的计算量是 $O(r \cdot \log_2^3 M)$.

证明 设 $M_i = \dfrac{M}{m_i}, i = 1, \cdots, r$,又设 u_1 是 $M_1 x \equiv 1 (\bmod m_i)$ 的解 $(i = 1, \cdots, r)$,则 $a \equiv \sum\limits_{i=1}^{r} u_1 M_1 a_1 (\bmod M)$ 就满足 $0 \leqslant a < M$ 和 $a \equiv a_i (\bmod m_i), i = 1, \cdots, r$;设 a, b 都满足 $0 \leqslant a < M, 0 \leqslant b < M, a \equiv a_i (\bmod m_i), b \equiv a_i (\bmod m_i)(i = 1, \cdots, r)$,即 $a - b \equiv 0 (\bmod m_i), i = 1, \cdots, r$,而 $m_1, \cdots, m_r$ 两两互素,因而 $a - b \equiv 0 (\bmod M)$,再由 $0 \leqslant a < M, 0 \leqslant b < M$ 即得 $a = b$. 于是唯一性证得.

按上面的方法计算 a,先要计算 $M = m_1 \cdots m_r$,因为 $m_1 \cdots m_i$ 乘 m_{i+1} 的计算量是 $O(\log_2 m_1 \cdots m_i \cdot \log_2 m_{i+1})$,所以计算 M 的计算量是 $O(\sum\limits_{i=1}^{r-1} \log_2 m_1 \cdots m_i \cdot \log_2 m_{i+1}) \leqslant O(\sum\limits_{i=1}^{r-1} \log_2 M \cdot \log_2 m_{i+1} (= O(\log_2^2 M)))$. 同样,计算 M_i 的计算量也不多于 $O(\log_2^2 M)$. 由上一段的讨论,求得 u_i 的计算量是 $O(\log_2^3 M_i) \leqslant O(\log_2^3 M)$. 最后,由 u_i, M_i, a_i 计算 a 的计算量也是 $O(\log_2^3 M)$,因而求 a 的总计算量是 $O(r \log_2^3 M)$.

关于数论中的基本算法的研究,是计算数论的最基本的研究,不仅它本身很重要,而且它在很多其他分支如计算机科学、代数学等中也有很大的用处.然而到目前为止,除了有些文章散见于某些杂志和书籍中,还没有较完全的书来专门讨论这些问题.在这一方面,最好的文章是莱默的《计算机技巧应用于数论》,见[3].

素性判别

第 2 章

素数这个概念,早在公元前很多世纪就被人们所熟知.后来人们发现所有自然数都是由素数乘起来得到的.欧几里得证明了素数有无限多个,因此,任意大的素数都存在.可是,在自然数的序列 $1,2,3,\cdots$ 中,素数和合数混杂在一起,通过对前数千个素数的分布之考察发现素数的分布没有规则,因此,鉴别一个自然数是素数还是合数就成为问题.这个问题在中世纪就引起人们的注意.当时人们试图寻找素数公式.到高斯时代,基本上确认了简单的素数公式是不存在的.在那时,即使对一个十位数的整数来作素性判别都是相当困难的,因此,高斯认定素性判别是数论中最困难的问题之一.从此以后,这个问题吸引了大批数学家,但当时的人们没有计算机这个有力的工具,对一般十位以上的数都束手无策.因此,他们或者只对很特殊的数做了些研究,或者,对素性判别做了一般性讨论.而真正用得出的结论去判别一个大数是否为素数时,常常因为计算量太大而归于失败.手摇计算机的产生帮助了像莱默等人发展素性判别.而在1950年之后,由于电子计算机的诞生,数学家们又将注意力转到素性判别的问题上来了.目前,这个分支已经产生了很多好结果.我们将在此做介绍.因为素性判别的理论真正得到发展是近几十年的事,因此,我们主要是介绍近几十年的工作.在本书中,素性判别和素数判别指的是同一件事.

2.1 素性判别的一般理论

素性判别的算法是指一个算法,用它可以判别任意一个自然数是否为素数.迄今为止,素性判别的方法有很多种,但它们有共同的形式,我们试将它们从总体上来讨论.

欲要寻求一个素性判别的算法,应先注意到素数所应该满足的一些性质,即一些必要条件.根据这些性质设计出一个条件组(也称试验组).这个条件组有两个特点:凡是素数就满足条件组中的每个条件(也称为通过条件组),凡通过这组试验组的数,若不是素数,则它必有一个真因子落在某个特定的集合中.现对任给的数n,先看n是否通过试验组,如果不通过,则n是合数;如果通过,则其可能的真因子有一个落在特定的集合中.然后,用这个特定的集合的每个元素去试除n,若有某个元素不等于1和n且整除n,则n是合数,否

第 2 章　素性判别

则，n 是素数. 这样的素性判别算法的计算量由两部分构成：对 n 逐个检验它是否满足条件组中的条件的计算量和对特定的集合中的元素逐个试除 n 的计算量. 设第一部分的计算量是 $O(f(n))$，特定集合的元素个数是 $g(n)$，（一般这 $g(n)$ 个元素是 1 到 n 之间的数）则这个算法的计算量是 $O(f(n)+g(n)\log_2^2 n)$.

例 1　威尔逊证明了 n 是素数的充要条件是 $(n-1)!+1\equiv 0 \pmod n$. 于是可设计试验组为"条件 $(n-1)!+1\equiv 0 \pmod n$"，而特定集合是 $\{1,n\}$. 若 n 通过试验组，则 n 的可能的真因子在 $\{1,n\}$ 中. 但 $\{1,n\}$ 中没有 n 的真因子，因此，n 是素数. 检验条件 $(n-1)!+1\equiv 0 \pmod n$ 的计算量是 $O(n\log_2^2 n)$，因此，威尔逊的算法的计算量是 $O(n\log_2^2 n+2\log_2^2 n)=O(n\log_2^2 n)$. 下面知道，这个算法的计算量太大了，不是有效算法.

到目前为止，仍然没有一个素性判别的多项式算法，换言之，没有一个素性判别的算法，它对 n 执行时的计算量是 $O(P(\log_2 n))$，其中 $P(x)$ 是多项式函数. "是否存在素性判别的多项式算法？" 是一个没有解决的公开问题. 人们偏向于说存在素性判别的多项式算法，但至今没有找到. 在已有的判别算法中，或者 $f(n)$ 不是 $\log_2 n$ 的多项式，或者 $g(n)$ 不是 $\log_2 n$ 的多项式. 因而要得到一个素性判别的多项式算法，就需要设法使上述的 $f(n)$ 和 $g(n)$ 都是 $\log_2 n$ 的多项式.

2.2　一个经典的结果

所谓素数，就是除 1 和其本身之外，不被任何数除尽的数.给定一个数 $n>1$,我们知道凡是大于 n 的数都不能除尽 n,故要检验 n 是否为素数,只要用 $2,3,\cdots,n-1$ 去试除 n,如果其中有一个整除 n,则 n 是合数,否则,n 是素数.然而,我们可以不用这么多的数去试除 n.我们先引入下面的结论.

定理 2.1 $n>1$ 是素数当且仅当不大于 $\sqrt{n}$ 的所有素数都不能整除 n.

证明 若 $n>1$ 是素数,则显然不大于 $\sqrt{n}$ 的所有素数不能整除 n,反过来,若 n 不是素数,设 p 是 n 的最小素因子,即 $1<p<n$.这时有 $p\leqslant\sqrt{n}$.否则,若 $p>\sqrt{n}$,因为 $\dfrac{n}{p}>1$ 是一个自然数,所以存在素因子 p_1. 显然,p_1 也是 n 的素因子,因此,$p_1\geqslant p>\sqrt{n}$ 且有 $\dfrac{n}{p}\geqslant p_1$,故 $n\geqslant pp_1>\sqrt{n}\cdot\sqrt{n}=n$.这是不可能的.因此,若不大于 $\sqrt{n}$ 的所有素数不能整除 n,则 n 是素数.

定理 2.1 等价于说,若 $n>1$ 不是素数,则 n 至少有一个不大于 $\sqrt{n}$ 的因子.

因此,对于 $n>1$,要判别 n 是否为素数,只要用不大于 $\sqrt{n}$ 的所有素数去试除 n,若其中有一个素数整除 n,则 n 是合数,否则 n 是素数.在实际使用时,如果是对不多于 16 位的数 n 来进行素性判别,这时,$\sqrt{n}<10^8$,故小于 $\sqrt{n}$ 的素数一般都储存在计算机里.但当 n 多于 16 位时(这时 $\sqrt{n}>10^8$),一般计算机没有储存这些小于 $\sqrt{n}$ 的全部素数.因此要先求出小于 $\sqrt{n}$ 的全部素数,再用它们去试除 n.但为了避免分两步进行,有时,就干脆用小于 $\sqrt{n}$ 的全部奇数去试除 n 来判别 n 是

第 2 章　素性判别

否为素数.

以上描述的算法是最直接的、最简单的素数判别法——试除法. 用 2.1 节的语言来说,试除法所依赖的试验组就只有"条件 $n>1$";而其特定的集合是不大于待判别数的平方根的所有自然数. 注意到:"$n>1$"这个条件的验证是可以不考虑计算量的,故得到试除法对 n 执行的计算的计算量是 $O(\sqrt{n}\log_2^2 n)$. 由此可见,它比威尔逊的方法好些.

试除法是一个相当古老的判别法. 与它相关的一个寻找素数的方法是艾拉托色尼筛法,这个古老的筛法在构造素数表时,仍然起着很大的作用. 给定一个自然数 n,要找出不大于 n 的所有素数,可以用如下的艾拉托色尼筛法:将 $1,2,\cdots,n$ 按自然顺序排列好. 第一步:"删去第一个未被删去或圈住的数." 第二步:"将第一个未被圈住和删去的数圈住,删去所有这个刚被圈住的数的倍数." 在执行第一次第一步时,是删去 1,第一次执行第二步时,圈住 2 并删去 2 的倍数. 然后回转重复第二步. 这样若干次执行第二步直到不大于 $\sqrt{n}$ 的每个数都被删去或圈住为止,这时,被圈住的和剩下来未被删去和圈住的数便是不大于 n 的全部素数. 下面的例子说明了本节的内容的应用.

例 2　判别 7 393 是否为素数.

$[\sqrt{7\,393}]=85$,先用艾拉托色尼筛法找出不大于 85 的所有素数:将 1 至 85 的数按自然顺序排列好,然后,循环地执行上述的第二步直至不大于 $\sqrt{85}\approx 9$ 的数全被删去或圈住为止.

(下面画了两、三道斜线的数分别被两、三次删去），即得小于 85 的素数是 2,3,5,7,11,13,17,19,23, 29,31,37,41,43,47,53,59,61,67,71,73,79,83.

~~1~~ 2 3 ~~4~~ 5 ~~6~~ 7 ~~8~~
~~9~~ ~~10~~ 11 ~~12~~ 13 ~~14~~ ~~15~~ ~~16~~ 17 ~~18~~
19 ~~20~~ ~~21~~ ~~22~~ 23 ~~24~~ 25 ~~26~~ ~~27~~ ~~28~~
29 ~~30~~ 31 ~~32~~ ~~33~~ ~~34~~ ~~35~~ ~~36~~ 37 ~~38~~
~~39~~ ~~40~~ 41 ~~42~~ 43 ~~44~~ ~~45~~ ~~46~~ 47 ~~48~~
~~49~~ ~~50~~ ~~51~~ ~~52~~ 53 ~~54~~ ~~55~~ ~~56~~ ~~57~~ ~~58~~
59 ~~60~~ 61 ~~62~~ ~~63~~ ~~64~~ ~~65~~ ~~66~~ 67 ~~68~~
~~69~~ ~~70~~ 71 ~~72~~ 73 ~~74~~ ~~75~~ ~~76~~ ~~77~~ ~~78~~
79 ~~80~~ ~~81~~ 82 83 ~~84~~ ~~85~~

用上述素数去试除 7 393，经过验算，其中没有一个能整除 7 393，因此，根据试除法，7 393 是一个素数.

艾拉托色尼筛法用于构造小于 n 的素数表时，执行第二步的次数为 $\frac{2\sqrt{n}}{\log_2 n}$，但是，因为要将 $1,2,\cdots,n$ 全部排列下来，因此，它对计算机的容量要求是至少 n 个空间，当 n 很大时，(例 $n=10^{15}$) 一般计算机都很难提供这么大的空间. 因此，目前造出的素数表还仅在 8 位数以下.

第 2 章　素性判别

2.3　费马小定理和卡迈查尔数

试除法出现之后,一直到 16 世纪,其间除了一些很特殊的、很局限的素性判别法,没有什么重要的结果.但到 1640 年,法国数学家费马首先注意到素数的一个性质,那就是下面讲述的费马小定理.这个性质是以后的所有素性判别法产生的根源.

定理 2.2　(费马小定理) 若 n 是素数,则对所有不被 n 整除的 a,有 $a^{n-1} \equiv 1 (\bmod n)$.

证明　因为 $(a,n)=1$,所以 $a, 2a, \cdots, (n-1)a$ 分别按某个重排顺序模 n 同余于 $1, 2, \cdots, n-1$. 故有 $a^{n-1} \cdot (n-1)! \equiv (n-1)! (\bmod n)$. 因为 n 是素数,所以 n 与 $(n-1)!$ 互素,因此,$a^{n-1} \equiv 1 (\bmod n)$.

我们将费马小定理的另一个形式写成下面的推论.

推论　若 n 是素数,则对任意的整数有 $a^n \equiv a (\bmod n)$.

由 1.2 节的讨论,我们知道,对某个自然数 a,$1 \leqslant a < n$,要验证 $(a,n)=1$ 和 $a^{n-1} \equiv 1 (\bmod n)$ 是否成立,需要的计算量为 $O(\log_2^3 n)$. 因此,以对某些 a,$1 \leqslant a < n, (a,n)=1$ 验证 $a^{n-1} \equiv 1 (\bmod n)$ 作为试验组,将可能产生较好的素数判别法.为此,我们要来看 n 通过试验组的话,n 具备什么性质.这就要考察一下费马小定理的逆命题.

大约 2 500 年前,中国古代数学家就发现 $2^2 - 2$ 是 2 的倍数,$2^3 - 2$ 是 3 的倍数,$2^5 - 2$ 是 5 的倍数,$2^7 - 2$

是 7 的倍数,$2^{11}-2$ 是 11 的倍数,而 2,3,5,7,11 都是素数. 故他们由此肯定:"若 $2^n - 2$ 是 n 的倍数(即 $2^n \equiv 2 \pmod n$),则 n 是素数". 莱布尼兹研究了《易经》中的这一记载之后,也相信了这个结果. 假如这个结果是正确的,则对任给的自然数 $n > 1$,只要验证 $2^n \equiv 2 \pmod n$ 是否成立,即可判定 n 是否为素数,其计算量是 $O(\log_2^3 n)$. 这就有了素性判别的多项式算法. 然而,很不幸运,这个结果不是正确的. 1819 年, 法国数学家赛路斯指出,$2^{341} \equiv 2 \pmod{341}$,但是 $341 = 11 \times 31$ 是个合数. 自此以后, 人们发现了许多具有不同底值 a 的反例, 如 $3^{91} \equiv 3 \pmod{91}$, 但 $91 = 7 \times 13$, $4^{15} \equiv 4 \pmod{15}$, 但 $15 = 3 \times 5$, 等等. 事实上, 对于任意的 a, 都有这样的反例, 而且有无限多个. 我们将证明这一点, 在此之前, 先给出一个定义.

定义 对整数 $a > 1$, 满足 $a^n \equiv a \pmod n$ 的合数 n 称为底为 a 的伪素数.

定理 2.3 对每一个整数 $a > 1$, 有无限多个底为 a 的伪素数.

证明 给定 $a > 1$, 设奇素数 $p \nmid a(a^2 - 1)$, 令 $n = \dfrac{a^{2p} - 1}{a^2 - 1}$. 则 n 是自然数, 且 $n = \dfrac{a^p - 1}{a - 1} \cdot \dfrac{a^p + 1}{a + 1}$, 故 n 是合数. 下面, 我们要来证明 n 是底为 a 的伪素数. 我们有 $(a^2 - 1)(n - 1) = a^{2p} - a^2 = a(a^{p-1} - 1)(a^p + a)$. 由于 a^p 与 a 的奇偶性相同, 故 $2 \mid a^p + a$; 又由费马小定理和 $p \nmid a$ 得 $p \mid a^{p-1} - 1$; 由于 p 是奇数, 则 $a^2 - 1$ 整除 $a^{p-1} - 1$; 而 $p \nmid a^2 - 1$, 故有 $p(a^2 - 1) \mid a^{p-1} - 1$. 因此, $2p(a^2 - 1) \mid (a^2 - 1)(n - 1)$, 即 $2p \mid n - 1$. 令 $n = 1 + 2pm$. 现在有 $a^{2p} = n \cdot (a^2 - 1) + 1 \equiv 1 \pmod n$. 故

$1,\cdots,k$. 令 g_i 是模 $p_i^{u_i}$ 的原根,$i=1,\cdots,k$. 由中国剩余定理,可求得 a 使 $a \equiv g_i(\bmod p_i^{u_i})(i=1,\cdots,k)$. 故 $\gcd(a,n)=1$. 因为 n 是卡迈查尔数,所以 $a^{n-1} \equiv 1(\bmod n)$,即 $a^{n-1} \equiv 1(\bmod p_i^{u_i})$,另一方面 $a^{n-1} \equiv g_i^{n-1}(\bmod p_i^{u_i})$,故有 $g_i^{n-1} \equiv 1(\bmod p_i^{u_i})$. 由原根的定义得 $\varphi(p_i^{u_i}) \mid n-1$,即 $p_i^{u_i-1}(p_i-1) \mid n-1, i=1,\cdots,k$. 而 $n-1 = p_1^{u_1} \cdots p_k^{u_k}-1$,故 $u_i=1, i=1,\cdots,k$,因此,条件(ⅰ)证得. 又 $p_i-1 \mid n-1, i=1,\cdots,k$,即条件(ⅱ)证得. 对(ⅲ),若 $k<3$,由 n 是合数,则 $k=2$,则有 $n=p_1 \cdot p_2(p_1 \neq p_2)$,由于 $p_1-1 \mid p_1 p_2-1$,而 $p_1 p_2 -1 = (p_1-1)p_2 + p_2 - 1$,故得 $p_1-1 \mid p_2-1$,同理可得,$p_2-1 \mid p_1-1$,由此可得 $p_1-1=p_2-1$,即 $p_1=p_2$,这与假设不符,因而 $k \geqslant 3$,即(ⅲ)证得.

例 4 由定理 2.4 可得 $2\,821 = 7 \times 13 \times 31$,$10\,585 = 5 \times 29 \times 73$,$172\,081 = 7 \times 13 \times 31 \times 61$ 都是卡迈查尔数.

由于发现了卡迈查尔数,人们认识到利用费马小定理来做素性判别,不是件简单的事情. 假如卡迈查尔数只有有限个,则可以给出一个上界 M,这样,在 $n>M$ 的范围内对 n 做素性判别就变得容易起来. 然而,卡迈查尔数可能有无限多个,这只是一个猜想,至今无人给出证明,但人们大都认为这个结果是正确的.

2.4 从卢卡斯到威廉斯

费马小定理的逆命题不成立,使得人们利用它来做素性判别出现困难,但是,因为它所提供的检验组中的条件是很容易验证的,数学家们并没有放弃利用这个优美的定理来产生素性判别的方法. 终于,到 1876 年,法国数学家卢卡斯在增加条件的情况下,给出了费马小定理的一种形式的逆命题. 他证明了下面的结果.

定理 2.5 (卢卡斯) 对自然数 n,设 $n-1 = q_1^{u_1}\cdots q_t^{u_t}$,若有 a 使得 $(L) a^{n-1} \equiv 1 \pmod{n}$,而 $a^{\frac{n-1}{q_i}} \not\equiv 1 \pmod{n}$,$i = 1,\cdots,t$,则 n 是素数.

证明 设 a 对模 n 的次数是 e. 由欧拉定理得 $e \mid \emptyset(n)$. 由定理叙述中的条件 (L) 得 $e \mid n-1$,但 $e \nmid \frac{n-1}{q_i}$,$i = 1,\cdots,t$,因此,$q_i^{u_i} \mid e$,$i = 1,\cdots,t$,即得 $n-1 \mid e$. 故有 $n-1 \mid \emptyset(n)$,这就说明 n 是素数.

给定一个自然数 n,如果恰巧 $n-1$ 可以很容易地被完全分解,则可用定理 2.5 来判别 n 是否为素数. 这时,只需要去寻找一个 a 使其满足条件 (L). 若不存在这样的 a,则 n 就不是素数 (因为素数的原根就满足条件 (L));若有这样的 a 存在,则有 $\emptyset(n-1)$ 个原根. 困难在于如何选取合适的 a 来验证条件 (L). 在实践中,常常是随机地选取 a 来试验,直到有某个 a 满足条件为止,即产生了一个素性判别的概率算法.

例 5 判别 4 093 是否为素数.

取 $a = 2$. 验证条件 (L): $2^{4\,092} \equiv 1 \pmod{4\,093}$. $2^{\frac{4\,092}{2}} \equiv -1 \pmod{4\,093}$, $2^{\frac{4\,092}{3}} \equiv -360 \pmod{4\,093}$, $2^{\frac{4\,092}{11}} \equiv 3\,024 \pmod{4\,093}$, $2^{\frac{4\,092}{31}} \equiv 1\,121 \pmod{4\,093}$, 这里 $4\,092 = 4\,093 - 1 = 2^2 \times 3 \times 11 \times 31$. 由定理 2.5 得,4 093 是素数.

后来,塞尔弗来季对卢卡斯的结果稍加推广,得到结果:"设 $n-1 = q_1^{u_1}\cdots q_t^{u_t}$,若对每个 q_i,存在 a_i 使

第2章 素性判别

$a_i^{n-1} \equiv 1 \pmod{n}, a_i^{\frac{n-1}{q_i}} \not\equiv 1 \pmod{n}$,则 n 是素数."这里所要求的条件比定理2.5中的条件(L)容易被满足些.

我们注意到,卢卡斯的结果及塞尔弗来季的推广都要求待判别的数减去1后可以容易地完全分解.可是,对于很大的数来说,这一点往往办不到.然而,在很多情况下,它可以部分地分解.这时,可否利用已分解了的部分来做素性判别呢?在这一方面首先出现的是普罗丝的一个结果.

定理2.6 (普罗丝)设 n 是奇数,若 $n-1=mq$,其中 q 是一个奇素数且满足 $2q+1>\sqrt{n}$,又若存在 a 使 $a^{n-1} \equiv 1 \pmod{n}, a^m \not\equiv 1 \pmod{n}$,则 n 是素数.

证明 因为 $a^{n-1} \equiv 1 \pmod{n}, a^m \not\equiv 1 \pmod{n}$,所以同定理2.5的证明可得 $q \mid \emptyset(n)$.设 n 的标准分解式是 $n = \prod_{i=0}^{n} n_i^{a_i}$,则 $\emptyset(n) \mid n \cdot \prod_{i=0}^{n}(n_i-1)$.故 $q \mid (mq+1) \cdot \prod_{i=0}^{n}(n_i-1)$,即存在某个 n_i 使 $q \mid n_i-1$.又 $2 \mid n_i-1$,故有 $2q \mid n_i-1$,即 $n_i \equiv 1 \pmod{2q}$.由于 $n \equiv 1 \pmod{2q}$,则有 $\frac{n}{n_i} \equiv 1 \pmod{2q}$.若 $n \neq n_i$,则 $\frac{n}{n_i} \neq 1$,故 $\frac{n}{n_i} > 1+2q$,因此 $n = n_i \cdot \frac{n}{n_i} > (2q+1) \cdot (2q+1) > \sqrt{n} \cdot \sqrt{n} = n$. 矛盾.这说明 $n = n_i$,即 n 是素数.

例6 判别 823 001 是否为素数.

令 $n = 823\,001$,则 $n-1 = 823\,000 = 1\,000 \times 832$.
令 $m = 1\,000, q = 823$,则 $2q+1 > \sqrt{n}$,且 $2^{n-1} \equiv$

27

$1 \pmod{n}$,而 $2^{1000} \not\equiv 1 \pmod{823\,001}$,故由普罗丝的结果得,$823\,001$ 是素数.

1914 年,波克林顿进一步得到了下面的更好的结果.

定理 2.7 (波克林顿)对自然数 n,设 $n-1 = F_1 R_1$,其中 F_1 是 $n-1$ 的已经分解出的部分(即已知的素因子的适当幂次的乘积),R_1 是 $n-1$ 的未分解出的部分(即 $\frac{n-1}{F_1} = R_1$ 是一个数,我们不知它是素数还是合数,或者知道它是合数,但没分解出任何因子来),$(F_1, R_1) = 1$. 若对 F_1 的每个素因子 q_i,存在 a_i 使得

$$a_i^{n-1} \equiv 1 \pmod{n}, (a_i^{\frac{n-1}{q_i}} - 1, n) = 1 \quad (P)$$

则 n 的每个素因子 p 都满足 $p \equiv 1 \pmod{F_1}$.

证明 设 p 是 n 的素因子,e_i 是 a_i 对模 p 的次数. 则 $e_i \mid p-1$,而因为 $a_i^{n-1} \equiv 1 \pmod{p}$,则 $e_i \mid n-1$. 由 $(a_i^{\frac{n-1}{q_i}} - 1, n) = 1$,故 $a_i^{\frac{n-1}{q_i}} \not\equiv 1 \pmod{p}$,故 $e_i \nmid \frac{n-1}{q_i}$,因此 $q_i^{\alpha_i} \mid e_i$,其中 $q_i^{\alpha_i} \| F_1$. 以上证明了,对每个整除 F_1 的素因子 q_i 有 $q_i^{\alpha_i} \mid p-1$ 且 $q_i^{\alpha_i} \| F_1$,即得 $F_1 \mid p-1$. 即 $p \equiv 1 \pmod{F_1}$.

推论 若奇数 n 满足定理 2.7 的条件且 $F_1 > \sqrt{n}$,则 n 是素数.

由定理 2.7,读者不难推出这个推论. 波克林顿的结果及其推论在判别素数时很有用. 但是,通常"$F_1 > \sqrt{n}$"这个条件因为 $n-1$ 的分解不够而不能满足,而进一步分解 $n-1$ 又有困难,这时要判别 n 是否为素数用定理 2.7 及其推论还不够. 因而,人们就进一步改进波克林顿的结果. 到 1978 年,莱默、卜利尔哈特等人得到

下面的更好的结果.

定理 2.8 设 n 是奇数且满足定理 2.7 的条件，$m \geqslant 1$，当 $m > 1$ 时还假定 $\lambda F_1 + 1 \nmid n, \lambda = 1, \cdots, m-1$. 如果

$$n < (mF_1+1)[2F_1^2+(r-m)F_1+1] \quad \text{(B)}$$

此处 r 和 s 由 R_1 和 F_1 如下确定：$R_1 = 2F_1 s + r, 1 \leqslant r < 2F_1$（即 r 和 s 分别是用 $2F_1$ 除 R_1 所得的余数和商），则 n 是素数的充要条件是 $s=0$ 或 $r^2-8s \neq \square$，$\square$ 表示平方数.

证明 我们将证明结论的等价形式：n 是合数的充要条件是 $s \neq 0$ 且 $r^2 - 8s = \square$.

（ⅰ）（$\Rightarrow$）由定理 2.7 知，n 的每个因子模 F_1 同余于 1. 若 n 是合数，则可写 $n = (cF_1+1)(dF_1+1)$，$c, d \geqslant m$. 注意到 R_1 是奇数，F_1 是偶数，则由 $R_1 = \dfrac{n-1}{F_1} = cdF_1 + c + d$，得 $c+d$ 是奇数，cd 是偶数. 而由

$$cdF_1 + c + d = R_1 = 2F_1 s + r \quad (*)$$

得

$$c + d \equiv r \pmod{2F_1} \quad (**)$$

因为 r 是 $2F_1$ 除 R_1 的最小非负剩余，所以，$c+d-r \geqslant 0$. 另外，由 $(c-m)(d-m) \geqslant 0$ 得 $cd \geqslant m(c+d) - m^2$，进而有

$(mF_1+1)(2F_1^2+(r-m)F_1+1) > n = cdF_1^2 + (c+d)F_1 + 1 \geqslant$
$(m(c+d)-m^2)F_1^2 + (c+d)F_1 + 1 = (mF_1+1)((c+d-m)F_1+1)$

即得 $2F_1^2 + (r-m)F_1 + 1 > (c+d-m)F_1 + 1$，即 $c+d-r < 2F_1$，故由 $(**)$ 得 $c+d=r$，再由 $(*)$ 得

$2s = cd \neq 0$,且

$$r^2 - 8s = (c+d)^2 - 4cd = (c-d)^2 = \square$$

(ⅱ)($\Leftarrow$) 当 $s \neq 0, r^2 - 8s = t^2$ 时,$n = F_1 R_1 + 1 = F_1(2sF_1 + r) + 1 = [(r^2 - t^2)F_1^2/4] + rF_1 + 1 = \left(\dfrac{r-t}{2}F_1 + 1\right)\left(\dfrac{r+t}{2}F_1 + 1\right)$,故 n 是合数.

现在举一个例子来说明定理 2.8 的用途. 历史上,在 1904 年出版的《坎特伯雷难题集》上,列了一个难题是: $\overbrace{111\cdots 1}^{19\text{个}}$ 是否为素数?这个难题当时无人可以解答,现在,我们用定理 2.8 就可以解答它了. 设 $n = \overbrace{111\cdots 1}^{19\text{个}}$,则 $n - 1 = F_1 R_1$,其中 $F_1 = 3\ 333\ 330 = 2 \times 3^2 \times 5 \times 11 \times 37 \times 91$,$R_1 = 2F_1 s + r$,其中 $s = 500\ 000, r = 3\ 666\ 667, r < 2F_1$,并且 $r^2 - 8s = 13\ 444\ 442\ 888\ 889$,它被 7 整除但被 49 除余 14,即不是完全平方数. 取 $m = 1$,这时有

$(mF_1 + 1)(2F_1^2 + (r-m)F_1 + 1) =$

$3\ 333\ 331 \times (2 \times 3\ 333\ 330^2 + 3\ 666\ 666 \times 3\ 333\ 330 + 1) = 3\ 333\ 331 \times$

$(10\ 333\ 326 \times 3\ 333\ 330 + 1) =$

$3\ 333\ 331 \times 34\ 444\ 385\ 555\ 581 > n$

而且 $3^{n-1} \equiv 1 (\bmod\ n), 3^{\frac{n-1}{2}} \not\equiv 1 (\bmod\ n), 3^{\frac{n-1}{3}} \not\equiv 1 (\bmod\ n), 3^{\frac{n-1}{5}} \not\equiv 1 (\bmod\ n), 3^{\frac{n-1}{11}} \not\equiv 1 (\bmod\ n), 3^{\frac{n-1}{37}} \not\equiv 1 (\bmod\ n), 3^{\frac{n-1}{91}} \not\equiv 1 (\bmod\ n)$. 由定理 2.8 知,$n$ 是素数.

有时,对某些大数 n 做素性判别时,F_1 还可能不够大,不足以使不等式(B)得以满足,这时,还可以利用 R_1 的可能的素因子的下界来帮助我们对 n 做素性判别. 下面我们给出莱默和卜利尔哈特等人的一个结果,其证明与定理 2.8 的证明类似,只是稍繁一些,故

略去不写.

定理 2.9 （莱默、卜利尔哈特）对自然数 n 设 $n-1=F_1R_1$，其中 F_1,R_1 同定理 2.7 之意. 设 n 满足定理 2.7 的条件且存在 a 使 $a^{n-1}\equiv 1(\bmod n)$，但是 $(a^{\frac{n-1}{R_1}}-1,n)=1$. 设 R_1 的素因子至少大于 B_1. 若不等式

$$n < (B_1F_1+1)[2F_1^2+(r-B_1)F_1+1] \quad (B')$$

满足，其中 r,s 同定理 2.8 中的 r,s，则 n 是素数当且仅当 $s=0$ 或 $r^2-8s\neq \square$.

卢卡斯在给出定理 2.5 所叙述的结果的同时，他注意到幂数列 $\{a^n\}=\{a^0,a^1,a^2,\cdots\}$ 可以看作他所定义的卢卡斯序列的特殊情况（$P=a,Q=0$），而且还注意到幂的计算和卢卡斯序列的项的计算很相似（如第 1 章 1.1 所述），特别是他发现了卢卡斯序列的一个类似于费马小定理的性质，即"设 $\{U_n\}$ 是由 P,Q 决定的卢卡斯序列，$p\mid 2Q$，p 是一个素数，则 $U_{p-\varepsilon_p}\equiv 0 \pmod p$，其中 $\varepsilon_p=\left(\dfrac{D}{p}\right)$ 是勒让德符号，$D=P^2-4Q$." 其证明见[1]. 卢卡斯对这个性质做了不少研究，得到不少好结果，其中就有下面的一个结果.

定理 2.10 对自然数 n，设 $n+1=\prod_{i=1}^{s}q_i^{\beta_i}$，若对每个 q_i 存在一个卢卡斯序列 $\{U_n^{(1)}\}$（但它们的判别式 $D=P_i-4Q_i$ 是固定的，即不依赖于 i）使得 $\left(\dfrac{D}{n}\right)=-1$，且 $n\mid U_n^{(1)}$ 而 $n\nmid \dfrac{U_{n+1}^{(1)}}{q_i}$，则 n 是素数.

我们将定理 2.5 和定理 2.10 相比，发现两者形式上很相似，区别是前者是用 $n-1$ 的分解式和一组幂运算的检验组，而后者是用 $n+1$ 的分解式和一组卢卡斯

序列的项运算的检验组.并且卢卡斯的定理2.10的证明也是从定理2.5的证明中得到启发的,他利用卢卡斯序列的一些与幂模相类似的性质及一个与模次数相当的概念,所谓"幻秩"来证明定理2.10.卢卡斯序列和幻秩的讨论已超出本书范围,而且很烦琐冗长,故不予在此讨论,定理2.10的证明也免于写出.有兴趣的读者可参见威廉斯的文章[4].不过,至此我们已经感觉到,可以沿着从定理2.5到定理2.9的同样的思路去进一步讨论.即利用 $n+1$ 的部分因子,用卢卡斯序列代替幂运算,可以得到与普罗丝、波克林顿的结果相对应的结果(这样的结果于1975年由莫利桑得到).用 $n+1$ 的部分因子和用卢卡斯序列代替幂运算作为检验条件,可以得到与定理2.8和定理2.9相当的结果.这是莱默、卜利尔哈特等人的工作.更有意思的是他们将这两种结果结合在一起,也就是说,同时利用 $n-1$ 和 $n+1$ 的因子分解,同时用幂和卢卡斯序列两种方式的检验条件,来做对 n 的素性检验.

继莱默和卜利尔哈特等人之后,威廉斯和加得等人注意到,有一部分自然数 n,其 $n\pm1$ 很不容易被分解,但是 n^2+1 或 $n^2\pm n+1$ 的因子却容易分解出来.或者,对某些 n,虽然 $n\pm1$ 可以分解一些因子出来,但所分解出来的因子还不足以满足用上面讲述的方法作 n 的素性判别的条件,这时,就要设法利用 n^2+1 或 $n^2\pm n+1$ 的因子来判别 n 的素性.威廉斯和加得等人对莱默和卜利尔哈特的工作做了仔细的研究后,发现可以利用一种推广的卢卡斯序列(莱默对卢卡斯序列的推广工作)来建立用 n^2+1, $n^2\pm n+1$ 的因子做素性判别的方法.他们得到了很多结果.这些结果的形式同

定理 2.5 到定理 2.9 相类似,只是将 $n-1$ 相应地换成 n^2+1 或 $n^2\pm n+1$,将诸如 (P)(B)(B′) 等检验条件组相应地换成用推广的卢卡斯序列表述的条件组. 遗憾的是,即使不加证明地叙述出这些结果也要占去大量篇幅,故此处略去不讲. 有兴趣者可参见 [2].

从卢卡斯到威廉斯的工作,是一条人们探索素性判别方法的漫长之路. 它从卢卡斯开始,经过许多数学家的努力,最后由威廉斯宣告此路已走到头了. 威廉斯于 1978 年在文章 [2] 中说道:"我们认为,沿这个方向的工作,我们已经做了尽可能的推广,要取得素性判别的更进一步的结果,或许应该朝其他方向上努力." 也就是说,威廉斯认为,要建立用 n 的其他整系数多项式 $f(n)$(别于 $n\pm 1,n^2+1,n^2\pm n+1$)的因子分解来做 n 的素性判别的方法是不可能的.

从卢卡斯到威廉斯的一系列工作,用于对少于 70 位的自然数做素性判别是很有效的,有时甚至比后面介绍的艾德利曼等人的方法快得多,故它们有不少用处. 但是,对于 70 位以上的数做素性判别,它们就显然无能为力了. 因而,如威廉斯本人所说,数学家们应该进一步研究新的素性判别法.

2.5 素性判别与广义黎曼猜想

1976 年,缪内发现了素性判别与广义黎曼猜想(见附录)的一个深刻的关系. 他得到的结果是:如果广义黎曼猜想(REH)成立,则有一个算法存在,它对每个 n,可在 $\log_2 n$ 的多项式时间内判明 n 是否为素数.

即存在素性判别的多项式算法,而且可设计出这个算法.

这个关系的发现,也是以研究费马小定理为出发点的.下面熟知的欧拉的结果是费马小定理的推广.

定理 2.11 若 n 是一个奇素数,则对任意的自然数 $a, n \nmid a$ 有 $a^{\frac{n-1}{2}} \equiv \left(\dfrac{a}{n}\right) \pmod{n}$,其中 $\left(\dfrac{a}{n}\right)$ 是勒让德符号.

1976 年初,莱默发表了一篇短小精悍的文章,证明了定理 1 的逆定理也成立,他得到了:

定理 2.12 (莱默)若 n 是奇合数,则存在自然数 a,满足 $(a,n)=1$,使得 $a^{\frac{n-1}{2}} \not\equiv \left(\dfrac{a}{n}\right) \pmod{n}$,这里 $\left(\dfrac{a}{n}\right)$ 是雅可比符号.

证明 假设 n 含有因子 p^α,p 是奇素数,$\alpha > 1$. 取 a 为 p^α 的原根,且由孙子定理,可要求 $(a,n)=1$. 由于 $a^{\frac{n-1}{2}} \equiv \left(\dfrac{a}{n}\right) \pmod{n}$,推出 $a^{n-1} \equiv 1 \pmod{n}$,即 $a^{n-1} \equiv 1 \pmod{p^\alpha}$,即 $\varphi(p^\alpha) \mid n-1$,即得 $p^{\alpha-1}(p-1) \mid n-1$,但 $p^{\alpha-1} \mid n$,故这不可能,因此 $a^{\frac{n-1}{2}} \not\equiv \left(\dfrac{a}{n}\right) \pmod{n}$.

设 $n = p_1 p_2 \cdots p_t, t \geq 2, p_1, p_2, \cdots, p_t$ 为互不相同的奇素数.由孙子定理,可取 a_1,使得 $\left(\dfrac{a_1}{p_1}\right) = -1$ 而 $\left(\dfrac{a_i}{p_2}\right) = 1, i=2,\cdots,t$. 则 $(a_1, n) = 1$ 且 $\left(\dfrac{a_i}{n}\right) = 1$. 下面用反证法,若对每个满足 $(a,n)=1$ 的 a 都有 $a^{\frac{n-1}{2}} \equiv \left(\dfrac{a}{n}\right) \pmod{n}$,则有 $a^{n-1} \equiv 1 \pmod{n}$. 取 a_{p_2} 为 p_2 的

第 2 章　素性判别

原根,即得 $a_{p_2}^{n-1} \equiv 1(\bmod\ p_2)$,所以 $p_2-1 \mid n-1$,即 $\dfrac{n-1}{p_2-1}$ 是一个整数. 现对 a_1,由欧拉定理 2.11 知 $a_1^{\frac{p_2-1}{2}} \equiv \left(\dfrac{a_1}{p_2}\right)(\bmod\ p_2)$,我们有

$$-1 = \left(\dfrac{a_1}{n}\right) \equiv a_1^{\frac{n-1}{2}} = (a_1^{\frac{p_2-1}{2}})^{\frac{n-1}{p_2-1}} \equiv$$

$$\left(\dfrac{a_1}{p_2}\right)^{\frac{n-1}{p_2-1}} = 1^{\frac{n-1}{p_2-1}} = 1(\bmod\ p_2)$$

即

$$2 \equiv 0(\bmod\ p_2)$$

但 p_2 是奇素数. 这是不可能的. 故必有 a 使 $(a,n)=1$, $a^{\frac{n-1}{2}} \not\equiv \left(\dfrac{a}{n}\right)(\bmod\ n)$.

尽管莱默的这个结果说明了,若 n 是合数,则在 1 到 n 之间至少存在一个 a 使 $a^{\frac{n-1}{2}} \not\equiv \left(\dfrac{a}{n}\right)(\bmod\ n)$ 成立,但他并没有指出如何去找 a,也没有指明 a 在何处. 对某个数 n,当然,我们可以对 1 到 n 之间的每个数检验条件 $a^{\frac{n-1}{2}} \equiv \left(\dfrac{a}{n}\right)(\bmod\ n)$ 是否满足,若满足,则 n 是素数. 然而,对 1 到 n 之间的每个数 a 去检验 $a^{\frac{n-1}{2}} \equiv \left(\dfrac{a}{n}\right)(\bmod\ n)$ 的计算量是 $O(n\log_2^3 n)$. 这个计算量太大了,因此,我们希望能够改进莱默的这个结果. 如果对合数 n,能确认在较小的范围内(而不是 1 到 n 之间)存在 a 使 $a^{\frac{n-1}{2}} \equiv \left(\dfrac{a}{n}\right)(\bmod\ n)$,那就可以减少检验 $a^{\frac{n-1}{2}} \equiv \left(\dfrac{a}{n}\right)(\bmod\ n)$ 的计算量,因为这时只要对较少的 a 检验. 这样就有望得出较有效的素性判别法.

缪内注意到,给定一个数 n,在 n 的缩系组成的群 $U_n = \{a(\mod n) \mid a \in \mathbf{Z}, (a, n) = 1\}$ 中,满足条件 $a^{\frac{n-1}{2}} \equiv \left(\dfrac{a}{n}\right) (\mod n)$ 的 $a(\mod n)$ 全体构成一个子群,设其为 M_n. 于是就可以利用下面的安克尼和蒙特哥梅利的结果.

定理 2.13 (安—蒙)在广义黎曼猜想(REH)成立的条件下,存在一个常数 C,对任何自然数 n 及 U_n 到任何一个群 G 的非单位同态 ψ,都存在 q 使 $1 < q \leqslant C(\log_2 n)^2$ 且 $\psi(q(\mod n)) \neq 1$(其中 1 是 G 的单位元).

由此,缪内得到了下面的结果:

定理 2.14 (缪内)在广义黎曼猜想成立的前提下,存在一个常数 C,对任何的自然数 n,若 n 是合数,则存在 $1 \leqslant a \leqslant C(\log n)^2$ 使得 $a^{\frac{n-1}{2}} \not\equiv \left(\dfrac{a}{n}\right) (\mod n)$.

证明 定义 $\psi: \psi(a(\mod n)) = \left(\dfrac{a}{n}\right) a^{\frac{n-1}{2}} (\mod n)$. 则 ψ 显然是 U_n 到 U_n 的同态映射. 因为 n 是合数,由定理 2.12 知,ψ 不是单位同态映射. 因此,由定理 2.13,存在 a 使 $1 < a \leqslant C(\log_2 n)^2$,使 $\psi(a(\mod n)) \not\equiv 1(\mod n)$,即 $a^{\frac{n-1}{2}} \not\equiv \left(\dfrac{a}{n}\right) (\mod n)$.

注 定理 2.14 中的常数 C 可取作与定理 2.13 中的 C 相同.

维路于 1978 年指出,定理 2.14 中的常数 C 可以定为 70.

由定理 2.14,我们说,在广义黎曼猜想成立的前提下,素数判别的多项式算法是存在的. 我们可以如下

第 2 章 素性判别

设计出这样一个算法：

对任何输入 n，依次对 $a=1,2,\cdots,70(\log_2^2 n)$ 检验 $a^{\frac{n-1}{2}} \equiv \left(\dfrac{a}{n}\right) (\bmod\ n)$ 是否成立．若对其中的一个 a 成立，则停止检验，这时 n 是合数（由定理 2.11），若对每一个 a 都不成立，也就是说，对 $a=1,2,\cdots,70(\log_2^2 n)$ 都有 $a^{\frac{n-1}{2}} \equiv \left(\dfrac{a}{n}\right) (\bmod\ n)$，由定理 2.14，则 n 是素数．

上述算法可以完全确定地判别 n 是否为素数，其计算量就是作 $70(\log_2^2 n)$ 个同余式 $a^{\frac{n-1}{2}} \equiv \left(\dfrac{a}{n}\right) (\bmod\ n)$ 检验的计算量．用符号 O 表示，即工作量是 $O(\log_2^5 n)$，因而这是一个多项式算法．

由此可见，只要广义黎曼猜想成立，则素性判别的多项式算法是找到了的．但证明广义黎曼猜想是相当困难的，这是数学家们一直关注的问题．这里的讨论也表明，素性判别是需要用较高深的方法来研究的．

2.6 一种概率算法

缪内的结果虽然很好，但它毕竟是依赖于一个悬而未决的假设，因而在实用中，它是不能被采用的．故我们回到莱默的结果，看看从这个结果还能引申出什么方法来．

莱默的结果说，若 n 是合数，则存在 a，满足 $(a,n)=1$ 使 $a^{\frac{n-1}{2}} \not\equiv \left(\dfrac{a}{n}\right) (\bmod\ n)$．但他没说这样的 a 有多少个．下面的定理就说明了这样的 a 至少有多少个．

定理 2.15 若 n 是合数,则在 1 到 n 之间,至少有 $\frac{1}{2}\emptyset(n)$ 个满足 $(a,n)=1$ 的 a 使 $a^{\frac{n-1}{2}} \not\equiv \left(\frac{a}{n}\right) \pmod{n}$.

证明 U_n 中满足 $a^{\frac{n-1}{2}} \equiv \left(\frac{a}{n}\right) \pmod{n}$ 的元素构成一个子群 M_n. 当 n 是合数时,由莱默的结果定理 2.12,M_n 是 U_n 的真子群,即 $M_n \neq U_n$,因而 M_n 在 U_n 中的指标至少是 2,即 $(U_n : M_n) \geqslant 2$. 故 M_n 中的元素个数至多是 U_n 中元素个数的一半,即 U_n 中不在 M_n 中的元素个数至少占一半,而 U_n 的元素个数是 $\emptyset(n)$,因此,在 1 到 n 之间,至少有 $\frac{1}{2}\emptyset(n)$ 个满足 $(a,n)=1$ 的 a 使 $a^{\frac{n-1}{2}} \not\equiv \left(\frac{a}{n}\right) \pmod{n}$.

推论 若 n 是合数,则 1 到 n 之间至少有一半的数 a 不满足 $a^{\frac{n-1}{2}} \equiv \left(\frac{a}{n}\right) \pmod{n}$.

证明 对 1 到 n 之间的数 a,若 $(a,n) \neq 1$,则显然 a 不满足 $a^{\frac{n-1}{2}} \equiv \left(\frac{a}{n}\right) \pmod{n}$. 而对与 n 互素的 a 而言,在 1 到 n 之间有一半不满足 $a^{\frac{n-1}{2}} \equiv \left(\frac{a}{n}\right) \pmod{n}$(由定理 2.15). 总之,在 1 到 n 之间,至少有一半的数 a 不满足 $a^{\frac{n-1}{2}} \equiv \left(\frac{a}{n}\right) \pmod{n}$.

这个推论可以产生一种做"素性判别"的概率算法:

对任何输入 n,从 1 到 n 之间随机地抽取 k 个数 $a_1, a_2, \cdots, a_k$(k 是事先依所需要的可靠性确定的). 逐个对 a_i 检验 $a^{\frac{n-1}{2}} \equiv \left(\frac{a_i}{n}\right) \pmod{n}$ 是否成立,若有某个

a_i 使此同余式不成立,则断言 n 是合数;若对 $a_1,\cdots,a_k$,同余式都成立,则断言 n 是素数.

在这个算法中,a_i 的选取是随机的,而且结论(断言)的正确性不是完全确定的,故此算法叫概率算法. 在这个概率算法中,当得到断言说输入 n 是合数时,由定理 2.11,结论是正确的;当得到断言说输入是素数时,没有什么定理可以确保结论是正确的. 也就是说,此算法在执行完毕后,可能将一个事实上是合数的输入断言为是素数了. 但是,由以上定理 2.15 的推论,这种出错的概率是很小的. 因为,若 n 事实上是合数,则随机地于 1 到 n 之间选取一个 a,a 满足 $a^{\frac{n-1}{2}} \equiv \left(\frac{a}{n}\right) (\bmod\ n)$ 的概率小于 $\frac{1}{2}$,因而对随机选取的 a_1,$a_2,\cdots,a_k$,同余式 $a_i^{\frac{n-1}{2}} \equiv \left(\frac{a_i}{n}\right) (\bmod\ n)$ 都成立的概率就小于 $\frac{1}{2^k}$. 于是,上述算法将事实上的合数断言为素数这种出错的概率小于 $\frac{1}{2^k}$. 当 k 取得很大时,例如 $k = 1\,000$,则出错的概率几乎为零(但不是零!),因此用此算法做素数判别 $2^{1\,000}$ 次,仅可能出现一次错误(从统计的角度来说). 然而,对某个特定的 n,通过算法后被断言为素数,我们并不能确定这个断言一定不是错误的. 因为以上的原因,这个算法常被称为"合数判别"算法而不称为素数判别算法. 但是,因为这个算法的计算量很小,只有 $O(k\log_2^3 n)$,故它确实常被采用. 例如用它来寻找一组数,使其中绝大多数是素数. 最近,还有人(如赖宾)用它来支持一些孪生素数和素数分布的猜想.

2.7 目前最有效的艾德利曼－鲁梅利算法

1983年,在素数判别的研究里,出现了突破性的进展,那就是艾德利曼和鲁梅利提出来的一个方法.这个方法是一个近似多项式算法,它在实际应用中,对一千位以下的数而言,与多项式算法一样有效.

要系统地讲述这个算法,需要涉及代数数论、乘法数论及多项式理论等多方面的专门知识.因而,我们这里只是概要地介绍这个算法,很多证明就略去了.但我们尽量保证读者能从介绍中对算法的基本思想、方法和技巧有个大概了解.我们将介绍的不是艾德利曼－鲁梅利原来的形式,而是由勒恩斯爵简化了的形式.

设 p,q 是两个素数,$p \mid q-1$,记 ξ_p 和 ξ_q 分别为 p 次和 q 次本原单位根.设 g_q 是 q 的原根,即 g_q 是群 U_q 的生成元.定义映射 $X_{pq}:U_q \to \langle \xi_p \rangle$(其中 $\langle \xi_p \rangle$ 为由 ξ_p 生成的循环群)为 $X_{pq}(g_q^j) = \xi_p^j$.因为 $p \mid q-1$ 且 U_q 是 $q-1$ 元循环群,所以 X_{pq} 是同态映射.对于任给的整数 t,定义高斯和 $\tau(X_{pq}^t) = \sum_{u \in q} X_{pq}(u)^t \xi_q^u$.因此 $\tau(X_{pq}^t)$ 是 $R_{pq} = Z[\xi_p, \xi_q]$ 中的元素(其中 $R_{pq} = Z[\xi_p, \xi_q] = \{\sum_{i,j} a_{ij} \xi_p^i \xi_q^j \mid a_{ij} \in Z\}$ 是一个环).

由高斯和的性质,有:若 n 是素数,则 $\tau(X_{pq})^{n^{p-1}} - 1 \equiv X_{pq}(n) \pmod{n}$(注意:因为 $\tau(X_{pq})$ 是 R_{pq} 中的元素,因而,我们是在环 R_{pq} 中讨论同余式的).易知,$p=2$ 时,这就是费马小定理,因此,上述的素数的这个性质,事实上就是费马小定理在环 R_{pq} 中的推广.我们来看看，当一个数 n，对一些 $p,q,p\mid q-1$ 满足 $\tau(X_{pq})^{n^{p-1}}\equiv X_{pq}(n)(\bmod n)$ 时，能对 n 做出什么结论？勒恩斯爵对此给予了一个回答，他证明了下面的定理.

定理 2.16 设 P 是一个素数集合，设 $\prod_{p\in P}p=Z$. Q 是由 P 产生的另一个集合，满足对任意的一个素数 $q\in Q$ 有 $q-1\mid Z$. 若奇数 n 满足下列条件：

（ⅰ）对每个 $p\in P, q\in Q$，若 $p\mid q-1$，则 $\tau(X_{pq})^{n^{p-1}}-1\equiv X_{pq}(n)(\bmod n)$.

（ⅱ）对每个 $p\in P$ 和 n 的素因子 r 有 $p^{e^p}\mid r^{p-1}-1$，其中 $p^{e^p}\parallel n^{p-1}-1$.

则对每个 n 的素因子 r，有 $r\equiv n^i(\bmod w)$，其中 $0\leqslant i<Z, w=\prod_{q\in Q}q$.

注 定理 2.16 中的条件（ⅱ）看起来似乎难以验证，而事实上，可以证明，若对某个 p，存在 q（q 不必在 Q 中）使 $p\mid q-1$ 且 $X_{pq}(n)\neq 1, \tau(X_{pq})^{n^{p-1}}-1\equiv X_{pq}(n)(\bmod n)$，则条件（ⅱ）就对 p 及任何 n 的素因子 r 成立. 在实际应用时，对某个 p 要使 $X_{pq}(n)\neq 1$ 对某个素数 q（$p\mid q-1$）成立是很容易做到的.

由勒恩斯爵的结果，我们可以如下编出一个算法，这个算法是基于艾德利曼－鲁梅利的思想，采用了勒恩斯爵的表述.

对任何输入 n,n 是奇数. 第一步，寻找素数集合 P，使得由其产生的素数集 Q 满足 $w=\prod_{q\mid Q}q>\sqrt{n}$. 第二步，施行两子步：

（Ⅰ）对每个 $p\in P, q\in Q$ 使 $p\mid q-1$，验证

$\tau(X_{pq})^{n^{p-1}-1} \equiv X_{pq}(n) \pmod{n}$(即定理 2.16 中的条件（ⅰ））.

（Ⅱ）对每个 $p \in P$，寻找一个 q（不必属于 Q）使 $p \mid q-1$ 且 $X_{pq}(n) \neq 1$（这是为了让定理 2.16 中的条件（ⅱ）成立）.

如果（Ⅰ）对某对 $p \in P, q \in Q(p \mid q-1)$ 不成立或（Ⅱ）对某个 $p \in P$ 不存在 q 使 $p \mid q-1, X_{pq}(n) \neq 1, \tau(X_{pq})^{n^{p-1}-1} \equiv X_{pq}(n) \pmod{n}$，则 n 是合数；否则，即（Ⅰ）（Ⅱ）都通过了，由定理 2.16 知，n 的任何一个素因子 r 满足 $r \equiv n^i \pmod{w}$，其中 $1 \leqslant i < \prod_{p \in P} p = Z$. 于是执行下面的第三步：

对 $r \equiv n^i \pmod{w}, i = 1, 2, \cdots, Z-1$，逐个检验 r 是否整除 n. 若有其中之一 $r \neq 1, n$，使 $r \mid n$，则 n 是合数；否则，由 $w > \sqrt{n}$，则 n 是素数.

在上述算法中，第二步的计算量，可用高斯和的性质（它所满足的最小多项式）估计出来，它是 $\log_2 n$ 的多项式. 第一步和第三步可以在 $O[(\log_2 n)^{C \cdot \log_2 \log_2 \log_2 n}]$ 的计算量内完成，这个由下面的波门伦斯的结果得出.

定理 2.17 设 P, Q 如上定义，$Z = \prod_{p \in P} p, w = \prod_{q \in Q} q$，则存在绝对可计算的常数 $C_1, C_2 > 0$，使得当 $w > n^{\frac{1}{2}} \geqslant 10$ 时，Z 的最小可能值满足

$$(\log_2 n)^{C_1 \cdot \log_2 \log_2 \log_2 n} < Z < (\log_2 n)^{C_2 \cdot \log_2 \log_2 \log_2 n}$$

在第三步中，至多要验证 Z 个整除式，每个整除式的计算量是 $O(\log_2^3 n)$，因而，完成第三步至多需要 $O[(\log_2 n)^{C \cdot \log_2 \log_2 \log_2 n}]$ 的计算量.

总之，用上述算法验证一个数 n 是否为素数，几乎

第 2 章 素性判别

只需要多项式时间. 因为当 n 的位数不太大时(例如少于 1 000 位), $C(\log_2 \log_2 \log_2 n)$ 是很小的, 故其计算量还不及一个多项式算法多.

2.8 一些特殊的素数及其判别

梅森素数

所谓梅森素数是指形如 $2^p - 1$ (p 是素数) 的数, 记为 M_p, $M_2 = 3, M_3 = 7, M_5 = 31, M_7 = 127$ 等, 梅森素数即是梅森数又是素数.

早在 1644 年, 梅森就对 $p = 2, 3, 5, 7, 11, 13, 17, 19$ 计算了 M_p, 他证明了除 $p = 11$ 外, 其他的 M_p 是素数, 他由此断言, 不大于 257 的各素数, 只有 $p = 2, 3, 5, 7, 13, 17, 19, 31, 67, 127, 257$ 使 M_p 是素数. 当时没有谁(包括他本人)能证明这个断言. 直到 1772 年, 欧拉经过多年探索, 证明了 $2^{31} - 1 = M_{31}$ 是素数, 大约在 1875 年, 卢卡斯证明了 $2^{127} - 1$ 是素数, 但是证明了 M_{67} 不是素数. 因此, 梅森的断言就不全对了. 1886 年, 有人证明了 $2^{61} - 1$ 是素数, 因而, 人们怀疑梅森在抄写时, 将 61 误抄成了 67. 然而, 1911 年, 泡尔斯证明了 $2^{89} - 1$ 也是素数, 三年后, 又证明了 $2^{107} - 1$ 也是素数. 最后, 1922 年, 葛莱启克证明了 $2^{257} - 1$ 不是素数. 这样就彻底说明了梅森的断言是不对的. 但梅森的断言激发了人们对梅森素数的研究. 到目前为止, 已经得到的前 29 个梅森素数 M_p 是:

$p = 2, 3, 5, 7, 13, 17, 19, 31, 61, 89, 107, 127, 521, 607,$
$1\ 279, 2\ 203, 2\ 281, 3\ 217, 4\ 253, 4\ 423, 9\ 689, 9\ 941,$
$11\ 213, 19\ 937, 21\ 701, 23\ 209, 44\ 497, 86\ 243, 110\ 503,$

132 049.

$M_{132\,049}$ 是一个 39 751 位的素数,要对诸如 $M_{132\,049}$ 这么大的数判别其是否为素数,肯定要用到数的特殊形式,用特殊的方法(艾德利曼－鲁梅利方法也无济于事了).另外,从上面看出,那些使 M_p 为素数的素数 p 的分布是不规则的.因而有必要对梅森数研究其特殊的素性判别方法.有一种目前最有效的、专门用于梅森数的素性检验方法是下述的卢卡斯－莱默方法.

定理 2.18　设 p 是一个奇素数,定义序列 $\{L_n\}$ 如下
$$L_0 = 4, L_{n+1} = (L_n^2 - 2)(\bmod\ 2^p - 1)$$
则 $M_p = 2^p - 1$ 是素数的充分必要条件是 $L_{2^{p-2}} = 0$.

证明定理 2.18 之前,需要罗列一下卢卡斯序列
$$U_0 = 0, U_1 = 1, U_{n+1} = 4U_n - U_{n-1}$$
$$V_0 = 2, V_1 = 4, V_{n+1} = 4V_n - V_{n-1}$$
的一些性质:

(ⅰ) $V_n = U_{n+1} - U_{n-1}$;

(ⅱ) $U_n = \dfrac{(2+\sqrt{3})^n - (2-\sqrt{3})^n}{\sqrt{12}}$;

(ⅲ) $V_n = (2+\sqrt{3})^n + (2-\sqrt{3})^n$;

(ⅳ) $U_{m+n} = U_m U_{n+1} - U_{m-1} U_n$;

(ⅴ) $U_{2n} = U_n V_n, V_{2n} = V_n^2 - 2$;

(ⅵ) 若 $U_n \equiv 0 (\bmod\ p^e)$,则 $U_{np} \equiv 0 (\bmod\ p^{e+1})$($p$ 是任何一个素数);

(ⅶ) $U_{p-\varepsilon(p)} \equiv 0 (\bmod\ p), \varepsilon(p) = \left(\dfrac{3}{p}\right), p$ 是素数;

(ⅷ) 对任一个整数 m,定义 m 对 $\{U_n\}$ 的幻秩为使 $U_n \equiv 0 (\bmod\ m)$ 成立的正整数 n 中的最小者,记为

$\rho(m)$，则有 $U_n \equiv 0 (\bmod\ m)$ 的充分必要条件是 $\rho(m) \mid n$.

以上这些性质都可由卢卡斯序列的定义用归纳法得到[1].

现在我们来证明定理 2.18.

由 $\{L_n\}$ 的定义及(ⅴ)易知：$L_n \equiv V_{2^n} (\bmod\ 2^p - 1)$. 又由 $2U_{n+1} = 4U_n + V_n$ 及 $\gcd(U_{n+1}, U_n) = 1$ 得 $\gcd(U_n, V_n) \mid 2$. 进而知，U_n 和 V_n 无公共的奇因子. 如果 $L_{p-2} = 0$，我们必有

$$U_{2^{p-1}} = U_{2^{p-2}} V_{2^{p-2}} \equiv 0 (\bmod\ 2^p - 1)$$
$$U_{2^{p-2}} \not\equiv 0 (\bmod\ 2^p - 1)$$

又，如果 $\rho = \rho(2^p - 1)$ 是 $2^p - 1$ 对 $\{U_n\}$ 的幻秩，则 $\rho \mid 2^p - 1$，但 $\rho \nmid 2^{p-2}$，故 $\rho = 2^p - 1$. 由此，我们推得 $n = 2^p - 1$ 是素数. 否则，设 $n = p_1^{e_1} \cdots p_r^{e_r}$ 是 n 的标准分解式，则 $p_i > 3$（因为 $n = 2^p - 1 \equiv (-1)^p - 1 \equiv -2 (\bmod\ 3)$），$i = 1, \cdots, \gamma$，令 $t = \mathrm{Lcm}[p_1^{e_1 - 1}(p_1 - \varepsilon_1), \cdots, p_r^{e_r - 1}(p_r - \varepsilon_r)]$，其中 $\varepsilon_i = \left(\dfrac{3}{p_i}\right)$，则由(ⅵ)(ⅶ)(ⅷ)得 $U_t \equiv 0 (\bmod\ 2^p - 1)$. 又由(ⅷ)得 $2^{p-1} \mid t$. 令 $n_0 = \prod_{1 \leqslant j \leqslant r} p_j^{e_j - 1}(p_j - \varepsilon_j)$，则有

$$n_0 < \prod_{1 \leqslant j \leqslant r} p_j^{e_j - 1}\left(p_j + \frac{1}{5} p_j\right) = \left(\frac{6}{5}\right) \cdot n.$$

因为诸 $p_j - \varepsilon_j$ 是偶数，则 $t \leqslant \dfrac{n_0}{2^{r-1}}$（在取最小公倍数时，有 $r - 1$ 个 2 因子因重复而不取）. 综上所述有

$$\rho \leqslant t \leqslant 2\left(\frac{3}{5}\right)^r n < 4\left(\frac{3}{5}\right)^r \rho < 3\rho$$

因此 $r \leqslant 2$ 且 $t = \rho$ 或 2ρ，故 t 是 2 的幂数. 因此诸 $e_i = 1$，这时，若 $r = 2$，则 $n = 2^p - 1 = (2^k \pm 1)(2^i \pm 1)$，其中

$2^k \pm 1$ 和 $2^i \mp 1$ 是素数,这是不可能的.因而只有 $r=1$,即 n 是素数.

反过来,若 $n=2^p-1$ 是素数,由
$$L_n \equiv V_{2^n} \pmod{2^p-1}$$
直接验证,即知 $L_{p-2}=0$.

素数 $M_{132\,049}$ 就是用这个卢卡斯－莱默方法得到的,这是 1983 年 9 月由斯诺文斯基在大量计算后得到的.

威廉斯对卢卡斯－莱默的方法做了推广,他得到一些用于对诸如 $10^n \pm 10^m + 1, \dfrac{a^n-1}{a-1}$ 等形式的数做素性判别的方法.

费马素数

形如 $2^{2^n}+1$ 的数称为费马数,记为 F_n,若它又是素数,则称为费马素数.

早在 17 世纪,费马验证了 $F_0=3, F_1=5, F_2=17, F_3=257, F_4=65\,537$ 是素数.据此,他猜测 F_n 都是素数.但到 1732 年,欧拉分解了 F_5
$$F_5 = 2^{2^5}+1 = 641 \times 6\,700\,417$$
故费马的这个猜测不成立.自此之后,人们对 $n=6,7,8,9,10,11,12,13,14,15,16,17,18,19,21,23,25,26,27,29,30,32,36,38,39,42,52,55,58,62,63,66,71,73,75,77,81,91,93,99,117,125,144,147,150,201,205,207,215,226,228,250,255,267,268,275,284,287,298,316,329,334,398,416,452,544,556,637,692,744,931,1\,551,1\,945,2\,023,2\,089,2\,456,3\,310,4\,724,6\,537,6\,835,9\,428,9\,448,23\,471$ 证明了 F_n 是合数.然

而,除前 5 个费马数为素数外,再也没发现任何费马素数了.因而人们更倾向于认为费马素数只有有限个,但没人对此作出证明.近年来,人们把精力放在分解费马数上,没人研究特殊的判别法来对费马数做素性判别.

$k \cdot 2^m + 1$ 型素数

研究 $k \cdot 2^m + 1$ 型素数,对分解费马数有着重要作用.熟知,费马数 F_n 的每个素因子都具有形状 $k \cdot 2^m + 1$,其中 $m \geqslant n+2$,k 是奇数.当已知某些 $k \cdot 2^m + 1$ 是素数时,用它去试除 $F_n (n \leqslant m-2)$,这样就可以找到一些费马数的因子.另外,在验证了某个 $k \cdot 2^m + 1$ 是素数后,再对 $k \cdot 2^m - 1$ 作素性判别,则可能找出一对孪生素数来,在这个方面的研究是从普罗丝开始的,他首先提出了一个判别 $k \cdot 2^m + 1 (k < 2^m)$ 型数是否为素数的方法.

定理 2.19 给定 $N = k \cdot 2^m + 1, k < 2^m$,先寻找一个整数 D 使得雅可比符号 $\left(\dfrac{D}{N}\right) = -1$(若 $3 \nmid k$ 时,可取 $D = 3$,而 $3 \mid k$ 时,不难找出一个合适的 D),则 N 是素数的充分必要条件是 $D^{\frac{N-1}{2}} \equiv -1 \pmod{N}$.

用普罗丝的这个结果及一些具体的方法,贝利、鲁宾逊、威廉斯等人对一些奇数 k 和 m 决定的数 $k \cdot 2^m + 1$ 做了系统的考察,他们对 $1 \leqslant k \leqslant 150, 1 \leqslant m \leqslant 1\,500$,找出了所有 $k \cdot 2^m + 1$ 型的素数.又对 $3 \leqslant k \leqslant 29$ 和 $1\,500 < m \leqslant 4\,000$,列出了所有的 $k \cdot 2^m + 1$ 型的素数,得出了 7 个新的费马数的因子,而且还得到了一对很大的孪生素数:$297 \times 2^{546} + 1$ 和 $297 \times 2^{546} - 1$.

最后,介绍斯塔克的一个结果.若 m 固定,序列

47

$\{a_k\} = \{k \cdot 2^m + 1\}$ 含有无限多个素数,这是由迪利克雷定理得出的. 自然地,人们提出这样一个问题:当 k 固定时,序列 $\{b_m\} = \{k \cdot 2^m + 1\}$ 是否含有无限多个素数呢?斯塔克对这个问题给了否定的回答,他给了一个 $k = 2\ 935\ 363\ 331\ 541\ 925\ 531$,使序列 $\{k \cdot 2^m + 1 = b_m\}$ 中每一项都是合数.

由 1 组成的素数

每位数都是 1 的 n 位数记为 R_n,例如 $R_1 = 1, R_2 = 11, R_7 = 1\ 111\ 111$,等等. 熟知 $R_2 = 11$ 是素数.

因为当 $m \mid n$ 时,$R_m \mid R_n$,故 R_n 是素数的必要条件是 n 是素数. 然而,当 n 是素数时,R_n 不一定是素数,例如当 $n = 3$ 时,$R_3 = 111 = 3 \times 37$ 不是素数. 至今为止,只得出当 $n = 2, 19, 23, 317, 1\ 031$ 时,R_n 是素数. 其中 R_{19} 已由前面的 "$n \pm 1$" 判别法证明了,R_{23} 是 1929 年被证明为素数的,R_{317} 是 1979 年由威廉斯证明的,$R_{1\ 031}$ 是 1986 年由威廉斯和达内用 2.4 节介绍的方法证明为素数的. 这五个素数是 R_n 系统中的前五个素数,即其他不大于 1 031 的素数 n 都使 R_n 为合数. 事实上,达内还证明了,第六个 R_- 是素数必定大于 $R_{10\ 000}$,也就是说,在 1 到 $R_{10\ 000}$ 之间只有以上五个 R_- 是素数.

2.9 在计算机上实施素数判别的战略

所有得到的素性判别法有简单明了的试除法,有赖宾等人的概率算法,有卢卡斯到威廉斯的利用 $n \pm 1, n^2 + 1, n^2 \pm n + 1$ 的因子方法,还有艾德利曼—鲁梅利的最有效的近似多项式方法. 这些方法各有利弊,它

第 2 章　素性判别

们各适用于适当的输入.上述第一种算法虽然很耗费时间(对 n 做素性判别的计算量是 $O(\sqrt{n}\log_2^2 n)$,但它很简单,并且直截了当,对较小的数 n(最大不超过 10^8)合适.)第二种算法,用于做判别时,它可能出现差错,但出差错的可能性很小,因而可用它来确认哪些数最有可能是素数.卢卡斯和威廉斯的 $n\pm 1,n^2+1$,$n^2\pm n+1$ 方法,对于 20～50 位的素数是有效的工具.艾德利曼－鲁梅利的方法是普遍的方法,它不依赖于待判别的数的特殊性,而且计算量是 $O((\log_2 n)^{C\cdot \log_2\log_2\log_2 n})$,故一般利用它来对 50 位以上的数来做素性判别.我们摘抄波门伦斯的一个表,它表明了三种方法的优劣.

方　　法	20 位	50 位	100 位	200 位	1 000 位
试除法	2 小时	10^{11} 年	10^{36} 年	10^{86} 年	10^{486} 年
卢卡斯和威廉斯的方法	5 秒	10 小时	100 年	10^9 年	10^{44} 年
艾德利曼和鲁梅利的方法	10 秒	15 秒	40 秒	10 分	1 周

另外,对有些特殊的数做素数判别时,用特殊的方法(如对 2^p-1,用莱默的方法)就可能很便利,就不必用艾德利曼－鲁梅利的方法.下面,我们指出在计算机上做素性判别的三大步骤.

对于一个待判定的数 n(设 n 不具有我们了解的特殊形式),实行下面三步:

(1) 先用 1 到 1 000 之间的素数(它们通常储存在计算机内)去试除.若 n 恰好有小的素因子,则不是素数,算法可停止;否则,进行下一步.

（2）对 n 随机地选取一些底做伪素数检验（即计算 $a^{\frac{n-1}{2}} (\bmod n)$，并看其是否等于 $\left(\dfrac{a}{n}\right)$）. 若 n 不通过这些检验，则 n 是合数；否则我们得出结论说 n 是素数. 下面的步骤就是证明 n 的确为素数.

（3）若 n 具有 20～50 位或以下，可使用卢卡斯和威廉斯的方法.

若 n 具有 30～1 000 位或以上，即使用艾德利曼和鲁梅利的方法.

注 对 30～50 位的数，用卢卡斯和威廉斯的方法，还是用艾德利曼－鲁梅利的方法，要视计算机的性能和实际情况而定.

大数分解

第 3 章

大数分解是与素性判别紧密相关的课题.对于给定的一个自然数,先对它做素性判别.若它是素数则罢,若它是合数,我们还想知道它的因子分解式.历史上及现在都有这样的数,它被判别为合数,但是没有发现它的因子(即没有分解).例如,F_8 在 1909 年就被证明为合数,但直到 1975 年,才发现它的一个因子.又如,F_{14} 早在 1963 年就被证明为合数.因此,我们要系统地研究如何去分解一个已知是合数的数.我们假定下面待分解的数是合数.为了方便起见,还假定,对待分解的数已经用试除法排除了它在 1 到 10 000(或 10^5)范围内的因子.(这在计算机上是非常容易实行的事,因为 1 到 10^5 之间的素数和试除法都可以存储在计算机内.)

与素性判别法的产生一样,大数分解的方法的产生也是从注意合数的一些性质开始的.因而,我们要对合数的一些性质(特别是结构方面的性质)做考察和研究,由此引申分解的方法.

3.1 经典的方法

费马方法

费马注意到,给定 n,若 n 是两数的平方差,即 $n=a^2-b^2$,则 $n=(a+b)(a-b)$ 是 n 的一个因子分解.于是,我们要设法将 n 表为两数的平方差.用逐个考查的方法,从 $b=1$ 开始,依次考查 $n+b^2$ 是否为平方数,若恰对某个 b,有 $n+b^2$ 是平方数,设为 a^2,即 $n+b^2=a^2$,故 $n=(a+b)(a-b)$.

用这个方法,只有当 n 有两个几乎相等的因子时,才比较快.因为当有两个因子 $a+b$,$a-b$ 几乎相等时,$b=\frac{1}{2}[(a+b)-(a-b)]$ 就很小,即从 1 开始做逐个试验的次数就少.另外,我们可以不需要对所有的 b 来计算 $n+b^2$ 并考查它是否是平方数.我们注意到,若 $n+b^2$ 是平方数,则 b 的奇素因子 p 一定满足 $\left(\frac{n}{p}\right)=1$ 或 0(其中 $\left(\frac{n}{p}\right)$ 是勒让德符号),故只需对不含使 $\left(\frac{n}{p}\right)=-1$ 的奇素因子 p 的 b 进行考查即可.(相对于 n 而言,相差 $\log_2 n$ 的常数倍数即算作几乎相等)时,用费马方法去分解 n 是很有效的.

第3章 大数分解

例1 分解 385 374 826 089 807.

设此数为 n. 因为 $\left(\dfrac{n}{5}\right) = \left(\dfrac{2}{5}\right) = -1$, $\left(\dfrac{n}{7}\right) = \left(\dfrac{1}{7}\right) = 1$, $\left(\dfrac{n}{11}\right) = \left(\dfrac{1}{11}\right) = 1$, $\left(\dfrac{n}{13}\right) = \left(\dfrac{8}{13}\right) = -1$, 又 $n \equiv 3 \pmod 4$, 所以 $2 \nmid b$, 因而只要对 $b = 3, 7, 9, 11, 17, 19, 21, 23, 27, 29, 31, 33, 37, 41, 43, 47, 49, 51, 53, 57, \cdots$, 考查 $n + b^2$ 是否为平方数, 结果发现 $n + 57^2 = 19\,630\,966^2$, 故 $n = 19\,630\,909 \times 19\,631\,023$.

一种筛法

对于给定的 n, 若已知 n 的一些较小的平方剩余, 则就可以筛去一些 n 的不可能的因子, 因而缩小了 n 的可能因子的范围, 再进一步对它们进行试除. 譬如, 若 a 是 n 的一个二次剩余, 则对每个 n 的奇素因子 p, 有 $\left(\dfrac{a}{p}\right) = 1$, 由二次互反律, 则 p 在一些差为 a(当 $4 \mid a-1$ 时) 或 $4a$(当 $4 \nmid a-1$ 时) 的等差序列中, 因而, 只在这些等差序列中找 n 的奇素因子 p 即可. 用这个方法, 可以得到下面的一个有用的定理(前面 2.8 节中谈费马素数时曾提到这个定理).

定理 3.1 费马数 $F_n = 2^{2^n} + 1 (n \geqslant 2)$ 的素因子都具有形状 $2^{n+2} \cdot k + 1$.

证明 设 $p \mid F_n$, 则 $2^{2^n} + 1 \equiv 0 \pmod p$, 即 $2^{2^{n+1}} \equiv 1 \pmod p$. 故 2 对模 p 的次数为 2^{n+1}, 因而, $2^{n+1} \mid p-1$. 故 $p = 1 + 2^{n+1} \cdot k$ 对某个 k 成立. 当 $n \geqslant 2$ 时, $p \equiv 1 \pmod 8$, 因此 2 是 p 的二次剩余, 因而 $2^{\frac{p-1}{2}} \equiv 1 \pmod p$, 故 $2^{n+1} \mid \dfrac{p-1}{2}$, 即 $2^{n+2} \mid p-1$. 所以, 存在 k 使 $p = 2^{n+2} \cdot k + 1$.

当 n 的较小的二次剩余容易找到时（例如 $2,3,5$ 等是 n 的二次剩余时），可用筛法去分解 n，我们举一简单的例子，说明这个方法的用途.

例 2 分解 $1\,711$.

因为 $16^2 \times 7 - 9^2 = 1\,711, 37^2 \times 5 - 1 = 4 \times 1\,711$，故 7 和 5 都是 $1\,711$ 的二次剩余. 因而，对 $1\,711$ 的任意一个素因子 p 有 $\left(\dfrac{7}{p}\right) = 1, \left(\dfrac{5}{p}\right) = 1$，因此 $p \equiv \pm 1, \pm 9, \pm 25 \pmod{28}$，$p \equiv \pm 1 \pmod 5$. 因为满足这两组同余式的前几个数是 $1, 9, 19, 29, \cdots$，经对它们依次试除 $1\,711$ 知 $29 \mid 1\,711$，故 $1\,711 = 29 \times 59$.

勒让德方法

勒让德首先注意到，若一个奇数 n 是合数且至少有两个不同的素因子，则 $x^2 \equiv a^2 \pmod n$ 至少有四个解. 其中 $x \equiv \pm a \pmod n$ 是两个解，这两个解称为平凡解，另外的解就称为非平凡解. 若对同余式 $x^2 \equiv a^2 \pmod n$，能找到一个非平凡解 b，则 $\gcd(b+a, n)$ 或 $\gcd(b-a, n)$ 都是 n 的真因子. 因而，分解 n 就等价于要寻找形如 $x^2 \equiv a^2 \pmod n$ 的同余式的非平凡解. 这便是以下的连分数方法和二次筛法所要解决的问题.

3.2 蒙特卡罗方法

设 S 是一个有限集，令 $\mathrm{Map}(S)$ 是 S 到 S 的映射全体. 对于每一个 $\psi \in \mathrm{Map}(S)$ 和 $x_0 \in S$，由于 S 是有限集，则存在 $l \geqslant 1$ 使 $x_0 = \psi^0(x_0), \psi(x_0), \cdots, \psi^{l-1}(x_0)$（$\psi^i$ 表示 ψ 的 i 次复合）互不相同. 但 $\psi^l(x_0)$ 与某个

第 3 章　大数分解

$\psi^{l'}(x_0)(0 \leqslant l' \leqslant l-1)$ 相同,这时,称 l 为 x_0 在 ψ 下的轨迹长度. 当 $k \geqslant l'$ 时,序列 $\{\psi^k(x_0)\}$ 是一个周期为 $d = l - l'$ 的循环序列.

设 S 有 m 个元素,$x_0 \in S$,则 x_0 在 ψ 下的轨迹长度至少是 1 的充分必要条件是 $x_0, \psi(x_0), \cdots, \psi^{l-1}(x_0)$ 互不相同. 因此,Map(S) 中使得 x_0 在其下的轨迹长至少是 1 的映射个数是 $m^{m-1} \cdot \prod_{l=0}^{i=0}(m-i)$,而 $m^{m-1} \cdot \prod_{l=0}^{i=0}(m-i) < m^m \mathrm{e} - \sum_{l=0}^{i=0} \frac{i}{m} \leqslant m^m \mathrm{e}^{\frac{l-1}{2m}}$,因此,对任意的 $\lambda > 0$,在 Map(S) 中,使得 x_0 在其下的轨迹长至少是 $(2\lambda m)^{\frac{1}{2}} + 1$ 的映射占的比例小于 $\mathrm{e}^{-\lambda}$. 故只有很少的对 (x_0, ψ) 使得 x_0 在 ψ 下的轨迹长很大(譬如大于 $5m^{\frac{1}{2}}$ 的对只占 $\mathrm{e}^{-12.5} \approx 0.0000037$),我们称使得 x_0 在 ψ 下的轨迹长很大(譬如大于 $5m^{\frac{1}{2}}$)的对 (x_0, ψ) 叫"例外".

波纳德就是用上述的事实得到他的分解方法的. 假定 n 是合数,设 r 是 n 的一个因子,令 $S = Z_r$ 为模 r 的完全剩余系,设 x_0 是一个整数,ψ 是一个整系数多项式,若 (x_0, ψ) 不是个"例外",则 x_0 在 ψ 下的轨迹长不大于 $r^{\frac{1}{2}}$ 的一个较小的倍数(譬如 5 倍). 不过,我们还不知道 r,故不能计算 $x_k = \psi^k(x_0(\bmod r))$,但是,我们可以计算序列 $\{y_k\}:y_1 \equiv \psi(x_0)(\bmod n), y_k \equiv \psi(y_{k-1}) (\bmod n), k \geqslant 1$. 序列 $\{y_k\}$ 满足 $y_k \equiv x_k(\bmod r), k = 0,1,2,\cdots$.

由于 x_0 在 ψ 下的轨迹小于 $r^{\frac{1}{2}}$ 的一个较小的位数,故当 k 适当大时,$\{x_k\}$ 是一个周期序列,其周期 $1 \leqslant cr^{\frac{1}{2}}$ (c 比较小),因而,令 $G_k = \prod_{j=1}^{k}(y_{2j} - y_i)(\bmod n)$

时,必有某些 $k < cr^{\frac{1}{2}}$ 使 $G_k \equiv 0 (\bmod\ r)$,故 $r \mid \gcd(G_k, n)$,即 $\gcd(G_k, n)$ 是一个 n 的大于 1 的因子. 若幸运的话, $\gcd(G_k, n)$ 就是 n 的一个真因子, 即 n 被分解了. 若对某个 k, $\gcd(G_k, n) = n$, 则取另外的 k 试验;若万一对所有的 k 都有 $\gcd(G_k, n) = n$, 则从新开始选择 x_0, ψ_0, 重复这样的过程,直到 n 被分出一个真因子为止.

以上,我们只知道有些 $k < cr^{\frac{1}{2}}$ 使 $\gcd(G_k, n)$ 可能产生 n 的真因子, 但我们不知道哪些 k. 不过,我们知道, 若 $G_k \equiv 0 (\bmod\ r)$, 则 $G_{k+1} \equiv 0 (\bmod\ r)$, 因而, 从某个 $k = k_0$ 开始, 对之后的 k 都有 $\gcd(G_k, n) > 1$, 因此在寻找因子时, 不必依次对 $k = 1, 2, 3, \cdots$ 来试验 $\gcd(G_k, n)$, 而只需要有规则地取一些 k(如取 $k = 1, 2, 4, 8, 16, 32, 64, 128, \cdots$ 或 $k = 1, 5, 20, 50, 100, 200, 400, \cdots$), 来看 $\gcd(G_k, n)$ 是否产生 n 的真因子.

上面的 $\{G_k\}$ 是波纳德原先用来寻找 n 的因子时作出的序列,后来布勒恩特改进了波纳德原先的积式,他用

$$Q_k \equiv \prod_{i=0}^{1+[\log_2(k-1)]} \prod_{j=3 \cdot 2^{j-1}+1}^{\min(k, 2^{i+1})} (x_{2^j+j} - x_{2^i})(\bmod\ n)$$

取代 G_k, 从而使这种方法的效率提高了 25%, 即计算时间缩短了 25%.

虽然上面已经说明, 很少有对 (x_0, ψ) 使 x_0 在 ψ 下的轨迹长很大, 但是, 对于特定的 ψ, 有可能对几乎所有的 x_0, 都使 (x_0, ψ) 成为"例外", 可以证明, 当 $S = Z_r$ 时, ψ 为一次线性多项式和 $\psi(x) = x^2 - 2$ 时, 对所有的 $x_0 \in Z_r$ 都产生很多的"例外". 另外, 一方面, 我们不能取 ψ 为很高次的多项式, 否则, 计算 $\{y_k\}$ 时, 就要花费很大的计算量. 经验表明, 我们可以把 $\psi(x)$ 取成二次

多项式 x^2+a(其中 $a \neq 2, a \in \mathbf{Z}$),事实上,在实际中,我们总是用这个多项式.

当 (x_0, ψ) 不是"例外"时,我们在 $k < cr^{\frac{1}{2}}$ 内就可以利用 G_k(或 Q_k)得到 n 的因子,因而这个算法的计算量是 $O(r^{\frac{1}{2}})$,而 n 必有一个小于 $\sqrt{n}$ 的因子,计算量是 $O(n^{\frac{1}{4}})$.

波纳德算法的最大成功是分解了 78 位的第 8 个费马数 $F_8 = 2^{2^8} + 1$,它在 1909 年就证明为合数. 他得到了下列分解式

$F_8 =$ 1 238 926 361 552 897 $\times$ 9 346 163 971 535 797 776 916 $-$ 3 558 199 606 896 584 051 237 541 638 188 580 280 321

此外,用波纳德的方法还得到下列数的因子:

612 053 256 358 933 $\mid 10^{103} + 1$

150 220 315 444 217 $\mid 5^{92} + 1$

9 906 434 529 663 163 $\mid 7^{71} - 1$

441 651 480 271 681 $\mid 10^{137} + 1$

22 086 765 417 396 827 057 $\mid 2^{433} - 1$

122 551 752 733 003 055 543 $\mid 2^{439} - 1$

358 228 856 441 770 927 $\mid 2^{461} - 1$

73 208 283 304 744 901 303 $\mid 2^{587} - 1$

3.3 连分数法

我们知道,利用勒让德方法的一个大困难就是寻找形如 $x^2 \equiv a^2 \pmod{n}$ 的同余式的非平凡解. 如果我们可以找到一系列二次剩余:$a_1^2 \equiv c_1 \pmod{n}, \cdots, a_k^2 \equiv c_k \pmod{n}$,而且恰巧 $c_1 \cdots c_k$ 是一个完全平方数.

设 $a = a_1 \cdots a_k, b^2 = c_1 \cdots c_k$,则有 $a^2 \equiv b^2 (\bmod n)$,若 $a \not\equiv \pm b (\bmod n)$,则就找到了同余式 $x^2 \equiv a^2 (\bmod n)$ 的一个非平凡解. 但这里又出现两个困难:其一,怎么产生这么多的二次剩余呢? 其二,哪些二次剩余之积恰好是一个平方数?

到 1931 年,莱默和泡尔斯首次用连分数解决了这两个困难,但是,因为当时还没有电子计算机,计算速度的缓慢使得这个连分数方法不被人们注意,直到 1975 年,莫利桑和卜利尔哈特,对莱默的方法做了深入的研究,将其发展成为一个较系统的好算法,并用此方法,在计算机上成功地分解了屡攻不克的 $f_7 = 2^{2^7} + 1 = 2^{128} + 1$,从此以后,连分数法就被人们广泛应用于分解因子. 到目前为止,它被认为是最有力的分解工具之一. 用它可以方便地在计算机上分解 50 位左右的数. 下面,我们对此方法做一介绍.

由连分数的简单性质知:若 $\sqrt{kn}$ 的连分数展开式为

$$a_0 + \cfrac{1}{a_1 + \cfrac{1}{a_2 + \cdots + \cfrac{1}{a_m + \cdots}}}$$

令 $\dfrac{A_m}{B_m}$ 为它的 m 次渐近分数,这时,有 $A_m^2 - knB_m^2 = (-1)^{m+1}Q_m$,其中 Q_m 可由一个可以简单计算的递归关系得出. 因为对每个 m, $A^2 m \equiv (-1)^{m+1}Q_{m+1} (\bmod n)$,即 $\{(-1)^{m+1}Q_{m+1}\}$ 就是一列二次剩余 $(\bmod n)$,所以,这样就解决了第一个问题.

现在来讨论第二个问题的解决方法. 从上列模 n 的二次剩余 $\{(-1)^{m+1}Q_{m+1}\}$ 中, 哪些二次剩余可以选出来成为一个集合使得其元素之积正好是一个完全平方数, 从而得到形如 $x^2 \equiv a^2 (\bmod n)$ 的一个非平凡解. 我们先看一个例子.

例3 分解 $n = 12\,007\,001$.

对 $\sqrt{n}$ 展成连分数, 我们得到下表

m	0	11	27	33	40	…
$(-1)^{m+1}Q_{m+1}$	$-2^3 \times 97$	$2^4 \times 71$	2^{11}	31×97	-31×71	…

这时将第 $0, 11, 27, 33, 40$ 个同余式 $A_0^2 \equiv Q_1(-1)(\bmod n)$, $A_{11}^2 \equiv Q_{12}(\bmod n)$, $A_{27}^2 \equiv Q_{28}(\bmod n)$, $A_{33}^2 \equiv Q_{34}(\bmod n)$, $A_{40}^2 \equiv (-1)Q_{41}(\bmod n)$ 乘起来, 得到 $(A_0 A_{11} A_{27} A_{33} A_{40})^2 \equiv 2^{18} \times 31^2 \times 71^2 \times 97^2 \equiv (2^9 \times 31 \times 71 \times 97)^2 (\bmod n)$. 另一方面, 用连分数的渐进分数的递推公式, 可以计算出 $A_0, A_{11}, A_{27}, A_{33}, A_{40}$, 从而可以算出 $A_0 A_{11} A_{27} A_{33} A_{40} \equiv 9\,815\,310 (\bmod n)$, 因而, 由勒让德的方法可求出 n 的因子: $(9\,815\,310 - 2^9 \times 31 \times 71 \times 97, 12\,007\,001) = 3\,001$, 即 $3\,001 \mid 12\,007\,001$.

从上例可见, 要确定哪些 $(-1)^{m+1}Q_{m+1}$ 入选, 先要将 $(-1)^{m+1}Q_{m+1}$ 在某个确定的素因子(包括 -1) 集上分解, 再将这些分解了的 $(-1)^{m+1}Q_{m+1}$ 拼凑. 这里, 在某个集上分解是指在这个集中的因子全部分解出来. 我们称上面那个确定的素因子(包括 -1) 集为分解基集. 因为, 若 $p \mid (-1)^{m+1}Q_{m+1}$, 则 $A_m^2 - knB_m^2 \equiv (-1)^{m+1}Q_{m+1} \equiv 0(\bmod p)$, 即 $\left(\dfrac{kn}{p}\right) = 1$ 或 0. 因此, 分

解基集中包括的素数 p 应该使得 $\left(\dfrac{kn}{p}\right)=0$ 或 1. 另外,因为对诸 Q_{m+1}(尽管大多数 Q_{m+1} 不会超过 $\sqrt{kn}$)的分解仍然是件麻烦的事情. 因而,分解基集中的素数不宜取得太大太多. 通常,按需要,指定一个素数 p_m,使得分解基集中的素数小于 p_m. 有时,为了加快算法执行的速度或为了更有可能找到合适的一组二次剩余. 分解基集中也可以包括一些大于 p_m 但小于 p_m^2 的素数.

取定一个分解基集,若一个 $(-1)^{m+1}Q_{m+1}$ 的素因子全在这个分解基集中,则称它在这个分解基集上可完全分解,也称它为(对这个基集的)$B\_$ 数. 设分解基集的元素是 $p_0=-1$ 和一系列素数 $p_1,p_2,\cdots,p_h$,这时,每一个 $B\_$ 数可以表示为一个二元数组(即 Z_2^{h+1} 中的元). 若 $(-1)^{m+1}Q_{m+1}=p_0^{u_0}p_1^{u_1}\cdots p_h^{u_h}$,则表 $(-1)^{m+1}Q_{m+1}$ 为 $(e(u_0),e(u_1),\cdots,e(u_h))$,其中 $e(u)=\begin{cases}0, u\text{ 为偶数}\\1, u\text{ 为奇数}\end{cases}$,这时,两个 $B\_$ 数之积的表示就是两个 $B\_$ 数的表示之和. 若干个 $B\_$ 数之积为平方数等价于说它们对应的表示之和为 $(0,0,\cdots,0)$,若有 g 个(在实际应用中,通常取 $g=h+2$)$B\_$ 数,设为 $c_1,\cdots,c_g$,则可产生一个二元数组成的矩阵,这个矩阵的第 i 行为 c_i 的二元数组表示,因而,这个矩阵有 g 行,$h+1$ 列. 当 $g>h+1$ 时,其行向量(诸 c_i 的表示!)就必然对 Z_2 线性相关. 因此,有若干个行使其行向量之和为 $(0,0,\cdots,0)$(注意到 Z_2 中唯一不为零的元只有 1)这样一来,这若干个行对应的 $B\_$ 数之积就是一个完全平方数. 因而,第二个问题就得以解决了.

在连分数算法中,计算量主要是在分解诸

$(-1)^{m+1}Q_{m+1}$ 上. 计算机往往在不太可能在基集上分解的$(-1)^{m+1}Q_{m+1}$ 上耗费很多运算. 波门伦斯对此问题做了研究后,他找出了一个方法,用此方法可以排除那些不太可能在基集上分解的$(-1)^{m+1}Q_{m+1}$. 他的方法更进一步提高了连分数法的速度.

有时,在给定的基集上,很多$(-1)^{m+1}Q_{m+1}$不太可能被分解以致于能分解的$(-1)^{m+1}Q_{m+1}$不够用,波门伦斯的方法可以让计算机尽早回头扩充基集.

有时会发生这样的情况:尽管我们由一组 $B\_$ 数乘起来得到了一个完全平方数,但它却导出二次同余式的一个平凡解. 这时,我们可以找另外一组 $B\_$ 数来试验,若仍然屡次失败,则可以换或扩充分解基集以得到更多的、更合适的 $B\_$ 数,或换另外的 k 值再重复试验,直至成功.

莫利桑用连分数得到的 F_7 分解式是
$$F_7 = 5\ 964\ 958\ 812\ 749\ 721 \times$$
$$5\ 704\ 689\ 200\ 685\ 129\ 054\ 721$$

最后提一下,波门伦斯对连分数方法做了一个分析,他证明了,连分数算法的平均渐近工作量是 $O(n\sqrt{\frac{(1.5)(\log_2\log_2 n)}{\log_2 n}})$. 这个结果是从较高深的算法分析中得到的,这里不多介绍.

3.4 二次筛法

二次筛法与连分数法是基于同样的想法和思路,只有两个差别,下面对此讲述.

首先,二次筛法不是用连分数产生二次剩余. 而是直接产生二次剩余. 设 $m=[\sqrt{n}]$, 则 $Q(x)=(x+m)^2-n, x=0, \pm 1, \pm 2, \cdots$ 就是一系列模 n 的二次剩余, 并且诸 $Q(x) \bmod n$ 不太大.

第二, 给定一个分解基集, 如何判别哪些 $Q(x)$ 可以在这个分解基集上分解? 哪些不能? 这里的方法也有别于连分数方法.

我们注意到, 若 $Q(x) \equiv 0(\bmod p^a)$, 即 $p^a \mid Q(x)$, 则 $Q(x+kp^a)=(x+kp^a+m)^2-n \equiv Q(x) \equiv 0(\bmod p^a)$, 即 $p^a \mid Q(x+kp^a)$. 因此, 只要确定一个 x 使得 $p^a \mid Q(x)$, 就可以得到其他的一系列 $Q(x)$ 使其含有 p^a 的因子. 如何确定 x 使 $p^a \mid Q(x)$, 这就是解同余式 $Q(x) \equiv 0(\bmod p^a)$, 而这个同余的解归结为同余式 $Q(x) \equiv 0(\bmod p)$ 的解. 关于素数模的二次同余式的解这个问题, 莱默于 1969 年发表的一篇文章中仔细讨论过, 得到了一个很有效的解法. 读者请参看[3].

对于某个分解基集, 设它的元素是素数 $p_1, \cdots, p_h$, 我们只要依次解同余式 $Q(x) \equiv 0(\bmod p_i^{a_i})(i=1,\cdots,h)$ 然后, 确定出 h 个等差分别为 $p_1^{a_1}, \cdots, p_h^{a_h}$ 的等差序列来, 它们的交集仍然是个等差序列, 这个序列对应的 $Q(x)$ 就是基本上在分解基集上可以完全分解的了. 因而, 基本上全是 $B\_$ 数. 这里提供了一个找 $B\_$ 数的方法.

波门伦斯也对二次筛法作了算法分析, 他得到二次筛法的渐近计算 $O(n\sqrt{\frac{1.125\log_2\log_2 n}{\log_2 n}})$, 这个计算量看起来比连分数算法的计算量要小些, 但这只是渐近的情况, 实际上, 这里的 $O\_$ 所示的常数比连分数算法的计算量中所示的常数要大.

用连分数方法和用二次筛法,人们都可以分解 $p \leqslant 257$ 的梅森数 M_p 中的合数. 见附表.

3.5 $p-1$ 法和 $p+1$ 法

波纳德首先注意到这样一个性质:若给定 n 为合数,对于 n 的任一个素因子 p,若 $p-1 \mid Q$,则当 $p \nmid a$ 时,$p \mid a^Q - 1$,这是由费马小定理可知的,因而 $\gcd(a^Q-1,n) > 1$,若 $\gcd(a^Q-1,n) \neq n$,则它就是 n 的真因子了. 因而 $\gcd(a^Q-1,n)$ 就极可能产生 n 的真因子. 然而,对待分解的数 n,我们不知道 n 的任何素因子,因而不知道哪些 Q 合适于使 $\gcd(a^Q-1,n)$ 产生真因子. 当然,我们可以对 $Q=1,2,\cdots,\emptyset(n)$ 来试验,但这样要花费的时间就比试除法还多,因而,我们必须确定哪些 Q 最有可能使 $\gcd(a^Q-1,n)$ 产生 n 的真因子,然后对这些 Q 进行试验.

我们假设,n 含有这样一个素因子 p,它的 $p-1$ 是由比较多的小素数相乘而得的数. 这时,我们可以取 Q 如下:给定一个上界 B_1(B_1 不必很大),设 β_i 是使 p_i(p_i 表示第 i 个素数)满足 $p_i^{\beta_i} \leqslant B_1, p_i^{\beta_i+1} > B_1$ 的数,($i=1,2,\cdots$),这时,可设 $Q_k = p_1^{\beta_1} \cdots p_k^{\beta_k}$(其中 p_k 是小于 B_1 的最大素数). 其次,取到 Q_k 之后,依次计算 $b_{k+1} \equiv a^{Q_{k+1}} = (a^{Q_k})^{p_{k+1}^{\beta_{k+1}}} \equiv b_k^{p_{k+1}^{\beta_{k+1}}} \pmod{n}$,令 $G_k = \prod_{i=1}^{k}(b_i-1)$ $(k=1,2,\cdots)$,然后有规则地选取 k,譬如 $k=1,2,4,8,16,50,100,150,\cdots$),计算 $\gcd(G_k,n)$,直到得出 n 的真因子为止.

通常,若 $p-1$ 的最大素因子是 q(设 q 是第 j 个素数,即 $q=p_j$),则计算到 $k=j\approx\dfrac{q}{\log q}$ 时,便可由 $\gcd(G_k,n)$ 得到 p. 有时,B_1 相当小就可以得到很大的因子,见下例.

例 4 分解 $10^{95}+1$.

取 $B_1=30\ 000$ 或更小些,威廉斯用上述的 $p-1$ 法得到了 $10^{95}+1$ 的素因子 $p=121\ 450\ 506\ 296\ 081$,其中 $p-1=2^4\times 5\times 13\times 19^2\times 15\ 773\times 20\ 509$(这里人们可以看出,为什么 B_1 取 $30\ 000$ 就可以了). 威廉斯是大约计算到 $G_k,(k\approx 2\ 050)$ 就由 $\gcd(G_k,n)$ 得到了因子 p.

另外他还得到了 $3^{136}+1$ 的素因子 $q=267\ 009-1\ 735\ 108\ 484\ 737$,这里 $q-1=2\times 3^2\times 7^2\times 19\times 17^2\times 569\times 631\times 23\ 993$.

威廉斯通过对波纳德的 $p-1$ 方法做细致研究后,利用卢卡斯序列的一些类似于幂运算的性质,得到了一个 $p+1$ 法. 它适合于分解这样一些合数,它们含有某些素因子 p 使得 $p+1$ 是由比较多的小素数相乘而得. 由于,$p+1$ 方法牵涉到卢卡斯序列的繁杂的计算,又因为 $p+1$ 方法的思想与 $p-1$ 方法相同,我们这里不作介绍.

威廉斯用 $p\pm 1$ 法,对很多合数作了分解,他认为 $p\pm 1$ 方法在很多情况下比连分数方法和二次筛法更有效. 因为对于合数 n 而言,它经常含有这样一些素因子 p,使得 $p-1$ 或 $p+1$ 由较多的小素数相乘而得,所以,$p\pm 1$ 方法就合适于它了.

广义黎曼猜想

给定自然数 n,一个模 n 特征是指一个由整数集到复数集的函数 χ,它满足下列条件:

1. $\chi(n_1 \cdot n_2) = \chi(n_1)\chi(n_2), n_1, n_2 \in \mathbf{Z}$.

2. $\chi(n_1) = 0$ 当且仅当 $(n_1, n) > 1$.

3. 若 $n_1 \equiv n_2 \pmod{n}$,则 $\chi(n_1) = \chi(n_2)$. 给定自然数 n 及模 n 的一个特征 χ,定义函数 $L(\chi, s) = \sum_{k=1}^{\infty} \frac{\chi(k)}{k^s}$,其中 s 是复数,其实部大于 1. 由复函数理论, $L(\chi, s)$ 可以解析开拓到对实部大于零的 s 都有定义.

广义黎曼猜想(ERH) 对任何自然数 n 及其特征 χ, $L(\chi, s)$ 的零点落在 $\mathrm{Re}\, s = \frac{1}{2}$ 这根直线上. 这里 $\mathrm{Re}\, s$ 表示 s 的实部.

ERH 是世界著名难题,至今还没解决.

参考文献

[1] 柯召,孙琦.数论讲义(上册)[M].北京:高等教育出版社,1986.

[2] KNUTH. The art of Computer programming[M]. New York:Addison-Wesley Educational Publish,1981.

[3] LEHMER D H.Computer technology applied to the theory of numbers,Studies in Number Theory[J]. Mathematical Association of America,1969:17-151.

[4] WILLIAMS H C.Primality testing on a Computer [J]. Ars. Combin,1978,5:127-185.

[5] DIXOU J D.Factorization and primality tests [J]. Amer. Math. Monthly,1984,6:333-352.

  注 [5]是一篇内容丰富的综述文章,附有63篇参考文献.

中英文人名表

一至五画

卜利尔哈特(Brillhart)

马递佳塞维奇(Matijasevič)

瓦格斯塔夫(Wagstaff)

贝利(Baillie)

布勒恩特(Brent)

坎特伯雷(Canterbury)

加得(Judd)

艾德利曼(Adleman)

卡迈查尔(Carmichael)

六至八画

安克尼(Ankery)

梅森(Mersenne)

希尔伯特(Hibert)

克卢丝(Knuth)

卢卡斯(Lucas)

迪利克雷(Dirichlet)

波赫曼(Bohman)

波克林顿(Pocklington)

波门伦斯(Pomenrance)

泡尔斯(Powers)

波纳德(Pollard)

九至十一画

欧几里得(Euclid)

欧拉(Euler)
威尔逊(Wilson)
艾拉托色尼(Eratosthenes)
费马(Fermat)
威廉斯(Williams)
高斯(Gauss)
莱布尼兹(Leibniz)
莫利桑(Morrison)
莱默(Lehmer)
维路(Vélu)
勒恩斯爵(Lenstra)

十二画以上

斐波那契(Fibonacci)
雅可比(Jacobi)
塞尔弗来季(Selfridge)
普罗丝(Proth)
赖宾(Rabin)
鲁梅利(Rumely)
葛莱启来(Kraitchik)
斯诺文斯基(Slowinski)
鲁宾逊(Robinson)
斯塔克(Stark)
赛路斯(Sarrus)
黎曼(Riemann)
蒙特克梅利(Montegemery)
蒙特卡罗(Monte-Carlo)
缪内(Miller)